Bibliografische Information der Deutschen Nationalbibliothek:

Die Deutsche Bibliothek verzeichnet diese Publikation in der Deutschen Nationalbibliografie; detaillierte bibliografische Daten sind im Internet über http://dnb.d-nb.de/ abrufbar.

Impressum:

Druck und Bindung: Books on Demand GmbH, Norderstedt Germany
ISBN: 9783656943839

Dieses Buch bei GRIN:

https://www.grin.com/document/296236

Florian Kamin

Entwicklung eines Pumpenprüfstands. Produktentwicklung nach VDI 2221

GRIN Verlag

Entwicklung eines Pumpenprüfstandes

Bachelorarbeit von Florian Kamin

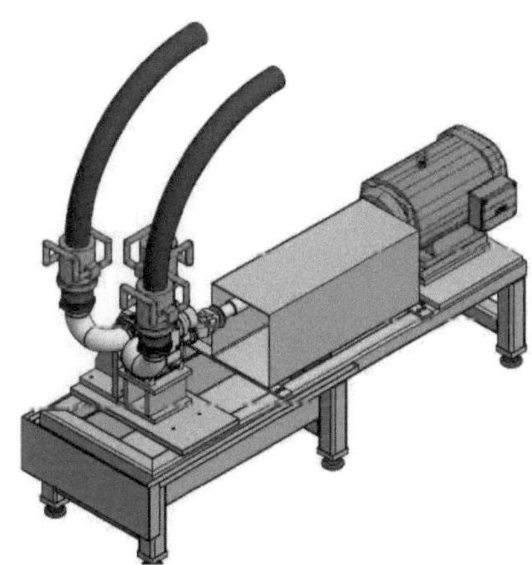

Die vorliegende Arbeit beschreibt den Produktentwicklungszyklus eines Prüfstands für Flügelzellenpumpen. Ziel ist die Entwicklung eines Prüfstands zur automatisierten Ermittlung einer Pumpenkennlinie.

Vorwort

Die Ihnen vorliegende Arbeit beschreibt den Produktentwicklungszyklus eines Prüfstands für Flügelzellenpumpen. Ziel ist die Entwicklung eines Prüfstands zur automatisierten Ermittlung einer Pumpenkennlinie.

Die Arbeit wurde nach den Vorgaben der Fachhochschule Südwestfalen, Abteilung Soest, erstellt und dient der Graduierung zum Bachelor of Engineering. Die Ausrichtung dieser Arbeit liegt schwerpunktmäßig in der Produktentwicklung und fügt sich in die Lehrinhalte des Studiengangs Maschinenbau mit der Vertiefungsrichtung Konstruktionstechnik ein.

Inhalt

1 Aufgabenbeschreibung

Die Aufgabe ist die Entwicklung und Fertigung eines automatisierten Pumpenprüfstands für Flügelzellenpumpen vom Typ Niehüser NP-800[1]. Die Pumpe wird in Heizöltankfahrzeugen eingesetzt, um einen Transport vom Depot zum Kunden zu ermöglichen. Diese Pumpe besitzt folgende technische Daten:

- Medium: Heizöl
- Temperaturbereich: -20°C - +70°C
- Nenndruck: $p_{nenn} = 10 \text{ bar}$
- Drehzahl: $n_{min} = 500 \frac{1}{min}$

  $n_{max} = 1500 \frac{1}{min}$
- Viskosität: $v_{max} = 76 \frac{mm^2}{s}$

Die oben genannte Pumpe besitzt verschiedene Betriebszustände, die in folgender Aufzählung erläutert werden.

- Abgabe mit Pumpe aus Motorwagen oder Anhänger
- Selbstbefüllung des Motorwagens aus Anhänger oder Fremdfahrzeug
- Schwerkraftabgabe aus Motorwagen oder Anhänger

Der Prüfstand soll möglichst universell einsetzbar sein.
Dies bedeutet:

- Fertigungsprüfungen mit elektronischer Messwerterfassung.
- Dauerprüfungen.
- Variable Pumpenfixierung
- Variable Anschlussleitungen

Als Antrieb soll ein drehzahlregelbarer Elektromotor eingesetzt werden.

- Drehzahlbereich 0 bis ca. 2000 min^{-1}
- Antriebsleistung nach Bedarf
- Alternativ Hydraulikmotor

Aufgrund der zu erwartenden Geräuschentwicklung soll der Prüfstand in einem separaten Raum aufgestellt und in einen vorhandenen Durchflussprüfstand integriert werden.
Ziel ist es die Fertigungsprüfungen von Pumpen automatisch durchzuführen. Das Anschließen der Pumpe sowie das Entlüften der Pumpe mit dem Prüfmedium Heizöl und die anschließende Dichtigkeitskontrolle erfolgen manuell.
Das Anfahren vorher definierter Messpunkte mit Aufzeichnung der Messwerte soll über eine speicherprogrammierbare Steuerung „Siemens Simatic S7" erfolgen. Um unterschiedliche Staudrücke bei vorgegebener Drehzahl anfahren zu können, muss der Volumenstrom in

[1] Vorläufige interne Bezeichnung

geeigneter Weise gedrosselt werden. Als Messeinrichtung soll ein vorhandener Durchflusszähler[2] verwendet werden. Da dieser Durchflusszähler über ein mechanisches Zählwerk älteren Baujahres verfügt, ist die Möglichkeit einer Umrüstung auf einen Impulsgeber zu prüfen und gegebenenfalls durchzuführen. Ein Erhalt der alten Anzeige ist wünschenswert. Die entstandenen Messdaten sollen geeignet automatisiert gespeichert werden, um bei Bedarf ausgegeben werden zu können.

2 Grundlagen

In diesem Kapitel werden die physikalischen und technischen Grundlagen, die zur Prüfung der Pumpe erforderlich sind, erläutert.
Es werden die physikalischen Zusammenhänge der Fluidmechanik sowie die konstruktiven Merkmale der Flügelzellenpumpe behandelt. Das grundsätzliche Vorgehen zur Produktentwicklung wird im Kapitel drei weiterführend erläutert.

2.1 Pumpentechnik

Pumpen gehören zur Baureihe der hydrostatischen Getriebe und werden laut Fachterminologie in die Gruppe der Verdrängermaschinen eingeteilt. Diese Begrifflichkeit lässt bereits erste Schlüsse über das Wirkprinzip solch einer Maschine zu. Sie arbeitet nach dem Prinzip der Verdrängung. In der Technik haben sich zwei charakteristische Verdrängungsprinzipien im Pumpenbau durchgesetzt. Zum einen sind dies die Maschinen, welche nach dem Umlaufverdrängerprinzip und solche, die nach dem Hubverdrängerprinzip arbeiten. Aus diesen beiden Verdrängungsprinzipien haben sich diverse Bauarten für verschiedenste Anwendungen entwickelt. Eine Übersicht über die verschiedenen Bauarten liefert die Abbildung **2-1 Bauarten von Verdrängermaschinen**.
Das Wirkprinzip beruht, wie bereits oben erwähnt, auf dem Verdrängungsprinzip. Dieses Wirkprinzip läuft wie folgt bei allen Verdrängermaschinen identisch ab:

1. Das Fluid tritt zulaufseitig in einen sich vergrößernden Verdrängungsraum ein.
2. Der Raum schließt sich.
3. Der Raum wird mit der Ablaufseite verbunden.
4. Der Verdrängungsraum verkleinert sich, und dadurch wird das Fluid ausgeschoben.

Die Veränderung des Volumens des Verdrängerraums geschieht durch Drehen der Maschinenwelle. Die Volumenänderung ist bedingt durch die Größe und die Form des Verdrängerraums sowie durch die volumenändernde Kinematik der Bauteile.
Hierbei ergibt sich wiederum ein bauartbedingter Unterschied zwischen Umlaufverdrängermaschinen und Hubverdrängermaschinen.

---
[2] In diesem Fall ein Ovalradzähler

Umlaufverdrängermaschinen, wie z.B. die Flügelzellenpumpe, fördern mittels zellenförmiger Verdrängerräume, deren Volumen sich durch die geometrische Gestaltung und die zyklische Änderung ergibt. Dieses Verhalten wird in der Abbildung **2-1** verdeutlicht. Im Gegensatz hierzu ändert sich das Verdrängerraumvolumen bei Hubverdrängermaschinen durch die Hin- und Herbewegung eines Kolbens in einem Zylinder. Aufgrund der inneren Strömungsumkehr benötigten die Hubverdrängermaschinen eine Ventilsteuerung zwischen Verdrängungsraum und Zu- und Ablauf.

Die Abdichtung von Verdrängermaschinen stellt eine Besonderheit dar. Aufgrund der Tatsache, dass sich die Bauteile schnell gegeneinander verschieben, ist es nicht möglich diese mit einer elastomeren Dichtung abzudichten. In Verdrängermaschinen geschieht die Abdichtung durch Spalte und ggf. durch metallische oder keramische Dichtung. Die Güte der Dichtung wird über den Spalt bestimmt. Ist dieser möglichst eng, ergibt sich hierdurch eine geringe Verlustleistung. Ein Problem ist die Aufweitung der Spalte im Betrieb durch Druckbeaufschlagung. Weitet sich ein Spalt, führt dies zu unsymmetrischen Belastungen der Pumpe, was unter Umständen zum Klemmen führen kann.

(In Anlehnung an: Feldhusen, K. H. (2007). *Dubbel Taschenbuch für den Maschinenbau 22. Auflage.* Berlin: Springer. S. 601 ff.)

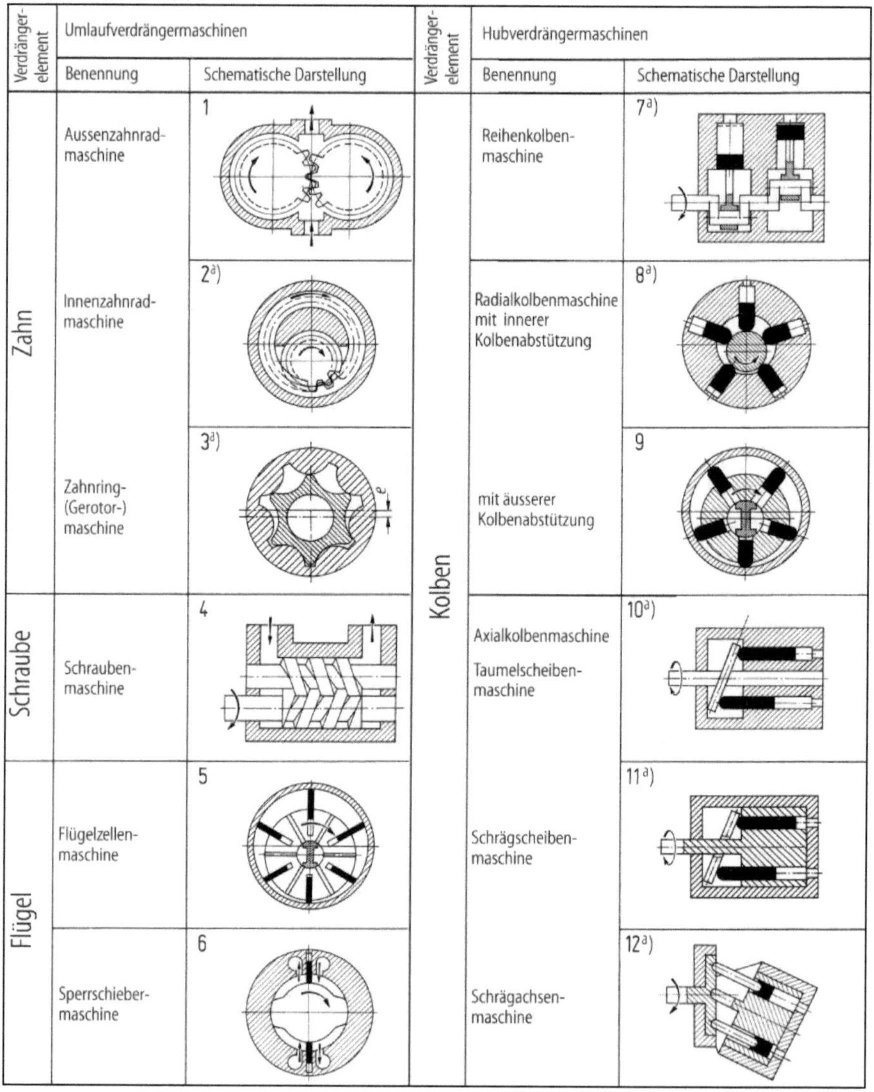

Verdränger-element	Umlaufverdrängermaschinen		Verdränger-element	Hubverdrängermaschinen	
	Benennung	Schematische Darstellung		Benennung	Schematische Darstellung
Zahn	Aussenzahnrad-maschine	1	Kolben	Reihenkolben-maschine	7[a])
	Innenzahnrad-maschine	2[a])		Radialkolbenmaschine mit innerer Kolbenabstützung	8[a])
	Zahnring-(Gerotor-)maschine	3[a])		mit äusserer Kolbenabstützung	9
Schraube	Schrauben-maschine	4		Axialkolbenmaschine Taumelscheiben-maschine	10[a])
Flügel	Flügelzellen-maschine	5		Schrägscheiben-maschine	11[a])
	Sperrschieber-maschine	6		Schrägachsen-maschine	12[a])

Abbildung 2-1 Bauarten von Verdrängermaschinen

(Quelle: Feldhusen, K. H. (2007). *Dubbel Taschenbuch für den Maschinenbau 22. Auflage.* Berlin: Springer. S. 602)

2.1.1 Die Flügelzellenpumpe

Wie im Abschnitt 24.1 Pumpentechnik bereits erwähnt, handelt es sich bei der Flügelzellenpumpe um eine Umlaufverdrängermaschine. Im Laufe der Zeit wurden verschiedene Bauarten der Flügelzellenpumpen entwickelt.

Diese Bauarten sind:

- Unterscheidung nach dem Verdrängungsvolumen:
  - Flügelzellenpumpen mit konstantem Verdrängungsvolumen
  - Flügelzellenpumpen mit veränderlichem Verdrängungsvolumen
- Unterscheidung nach der Beaufschlagung
  - innenbeaufschlagt
  - außenbeaufschlagt

Da es sich bei der Niehüser NP-800 um eine außenbeaufschlagte, einhubige Flügelzellenpumpe mit konstantem Verdrängungsvolumen handelt, werden die anderen Bauformen dieser Pumpenart in dieser Arbeit nicht weiter behandelt. An dieser Stelle sei auf folgende weiterführende Literatur zum Thema Flügelzellenpumpen hingewiesen: Bauer, G. (2009). *Ölhydraulik 9. Auflage.* Wiesbaden: Vieweg Teubner.

Wie bereits erwähnt, handelt es sich bei der Niehüser NP-800 um eine einhubige Flügelzellenpumpe, mit deren Charakteristik wir uns nun befassen.

Die Abbildung **2-2** zeigt den Aufbau und die Funktion einer einhubigen Flügelzellenpumpe.

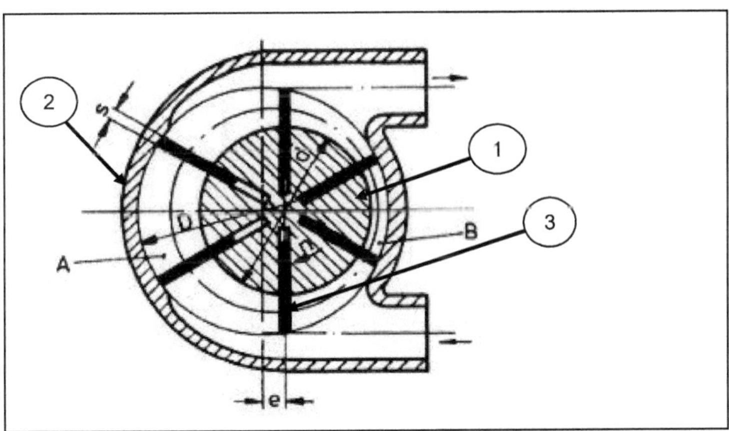

Abbildung 2-2 Prinzipskizze einhubige Flügelzellenpumpe

(Quelle: Bauer, G. (2009). *Ölhydraulik 9. Auflage.* Wiesbaden: Vieweg Teubner. S 86)

Durch Drehung des exzentrisch gelagerten Rotors (1), in dessen radialen Schlitzen die verschiebbaren Flügel (3) angeordnet sind, ändern sich die Verdrängerräume. Diese

Verdrängerräume werden als Zellen bezeichnet und sind begrenzt durch die Flügel (3), den Stator (2) sowie durch den exzentrisch gelagerten Rotor (1). Bei der Drehung des Rotors (1) kommt es, bedingt durch dessen Exzentrizität, zum Stator (2), zu einer Volumenvergrößerung und Flüssigkeitsaufnahme auf der Einlaufseite. Dem gegenüber steht eine Volumenabnahme und somit eine Flüssigkeitsabgabe auf der Druckseite.
(In Anlehnung an: Feldhusen, K. H. (2007). *Dubbel Taschenbuch für den Maschinenbau 22. Auflage.* Berlin: Springer. S. 601 ff.)

Das geometrische Fördervolumen dieses Pumpentyps lässt sich aus dem Volumenunterschied zwischen Zelle A und Zelle B berechnen.

$$V_g = 2\, e\, b\, (\pi\, (R + r) - s\, z) \qquad \textit{Gleichung 2.1}$$

mit:
$e: Exzentrizität$
$s: Flügeldicke$
$z: Flügelanzahl$
$b: Flügelbreite$
$R: \frac{D}{2}$
$r: \frac{d}{2}$

(In Anlehnung an: Bauer, G. (2009). *Ölhydraulik 9. Auflage.* Wiesbaden: Vieweg Teubner. S.86 ff)

Passt man das Maß der Exzentrizität zwischen Rotor (1) und Stator (2) an, so erhält man eine Pumpe mit einem anderen Fördervolumen. Dieser Umstand brachte eine weitere Entwicklung hervor, die Flügelzellenpumpe mit veränderlichem Verdrängervolumen. Ein Beispiel für diesen Pumpentyp ist in der Abbildung **2-3** dargestellt.

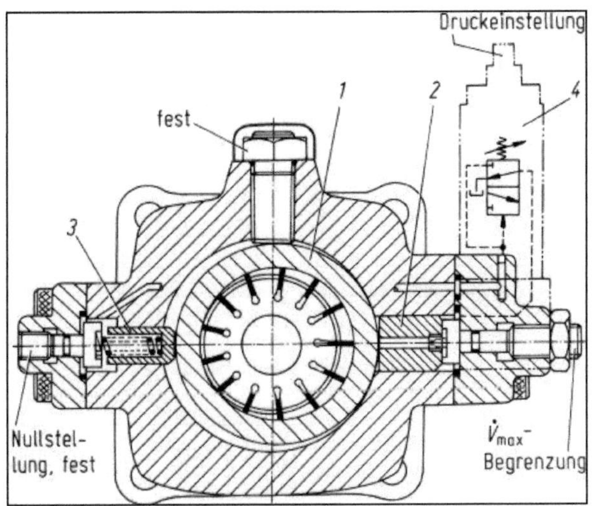

Abbildung 2-3 Flügelzellenpumpe mit Null hub-Druckregler (Bosch Rexroth)

(Quelle: Feldhusen, K. H. (2007). *Dubbel Taschenbuch für den Maschinenbau 22. Auflage.* Berlin: Springer. S. 604)

Bei dieser Bauart lässt sich das Maß der Exzentrizität über eine Stellschraube (3) verändern. Diese Stellschraube (3) passt die Stellung des so genannten Hubrings (1) an, der den Stator darstellt. Somit ist es möglich das Verdrängervolumen und damit die Förderleistung bedarfsgerecht anzupassen.

2.1.2 Die Flügelzellenpumpe Niehüser NP-800

Wie bereits erwähnt, handelt es sich bei der zu prüfenden Pumpe um eine einhubige, außenbeaufschlagte Flügelzellenpumpe mit konstantem Verdrängungsvolumen. Die Pumpe besitzt mehrere Abgabefunktionen, die mittels eines pneumatisch betätigten 3/2 Wegeventil gesteuert werden. Dieses Wegeventil betätigt einen Schieber im Inneren der Pumpe, welcher die Druck- und Saugseite mit den verschiedenen Pumpenanschlüssen verbindet oder verschließt. Dadurch sind folgende Funktionen möglich:

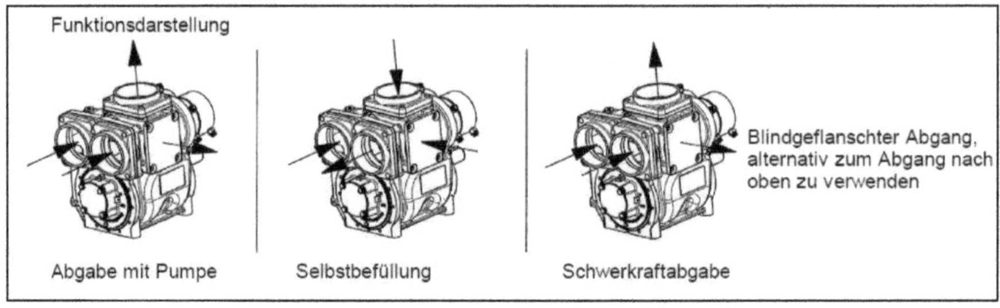

Abbildung 2-4 Funktionsdarstellung Niehüser NP-800

(Quelle: Datenblatt NP-800 Niehüser Armaturenbau und Vertriebs GmbH)

Die Abmessungen und die Kennzeichnung der Anschlüsse der Pumpe werden in Abbildung **2-5** dargestellt.

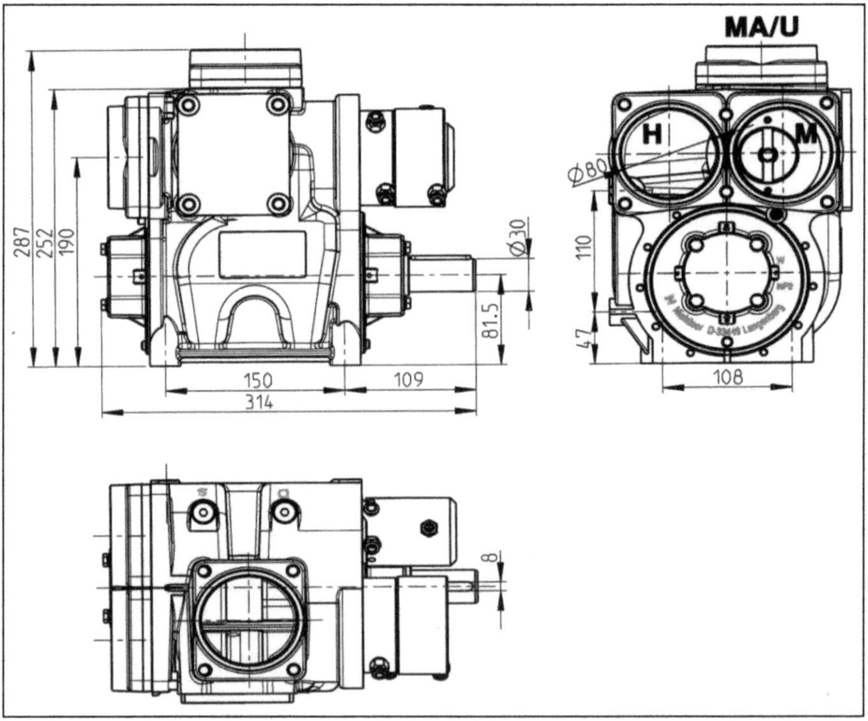

Abbildung 2-5 Abmessungen Niehüser NP-800

(Quelle: Datenblatt NP-800 Niehüser Armaturenbau und Vertriebs GmbH)

2.2 Strömungsmechanik

Im Abschnitt 2.1 wurden die relevanten Grundlagen der Pumpentechnik erläutert. Um eine Anwendung dieser Technik zu gewährleisten, ist es notwendig einige strömungsmechanische Grundbegriffe einzuführen. Es ist notwendig, sich im Kontext der Prüfung von Pumpen mit einigen Begrifflichkeiten und physikalischen respektive strömungsmechanischen Prinzipien vertraut zu machen, um im Nachgang eine qualitative Kennlinie der Pumpe, laut Aufgabenstellung, zu erstellen. Diese sind:

- der Druck und Eigenschaften von Drücken
- Strömungsformen
- Energieerhaltung in inkompressiblen Fluidsystemen

Wie aus der Aufstellung zu entnehmen, werden in den folgenden Abschnitten die wesentlichen Gesetzmäßigkeit logisch aufbauend erläutert.

2.2.1 Der Druck und Eigenschaften von Drücken

In diesem Abschnitt wird der Begriff des Druckes definiert und seine Eigenschaften auf die Fluidmechanik übertragen. Dies ist notwendig um die Strömung in der Verrohrung und der Strömung in der Pumpe des Prüfstandes erfassen zu können. Zudem ist der Druck ein zentraler Einflussfaktor auf die Pumpenkennlinie.

Prinzipiell versteht man unter einem statischen Druck den Betrag eines auf einer Fläche normal stehenden Kraftvektors $\vec{F}$ je Flächeneinheit A. Somit ergibt sich für den Druck die Einheit $\frac{N}{mm^2}$.

Es gilt aus dem Zusammenhang zwischen Fläche und Kraftvektor:

$$p = \frac{\overrightarrow{dF}}{dA}$$ *Gleichung 2.2*

Es drängt sich nun die Fragestellung auf, wie sich der Druck in Fluiden verhält.

In strömenden Fluiden setzt sich der Druck aus zwei Druckanteilen zusammen. Diese Druckanteile sind der hydrostatische Druck p_{stat} und der hydrodynamische Druck p_{dyn}. Diese beiden Druckanteile kumulieren sich zum Gesamtdruck p_{ges}.

Es gilt:

$$p_{ges} = p_{dyn} + p_{stat}$$ *Gleichung 2.3*

2.2.1.1 *Hydrostatischer Druck*

Der hydrostatische Druck p_{stat} nimmt mit steigender Flüssigkeitssäule linear zu.

Die folgende Abbildung **2-6** verdeutlicht die Wirkungsweise des Drucks auf eine ruhende Flüssigkeit.

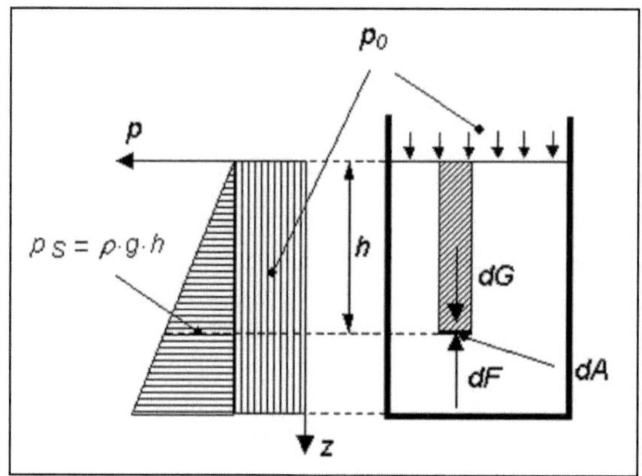

Abbildung 2-6 Wirkprinzip hydrostatischer Druck

(Quelle: http://www.mp.haw-hamburg.de/pers/Gheorghiu/Vorlesungen/TTS/Skript/1.3/TTS_1.3-Dateien/Schweredruck.jpg abgerufen am 26.05.2011)

Es gilt folgendes Kräftegleichgewicht:

$$dF_G + dF_{pb} = dF_p$$ *Gleichung 2.4*

$$g\ dm + p_b\ dA = p\ dA$$ *Gleichung 2.5*

$$g\ \rho_F\ dV = (p - p_b)dA$$ *Gleichung 2.6*

$$g\ \rho_F\ z\ dA = (p - p_b)dA$$ *Gleichung 2.7*

$$p(z) = p_b + \rho_F\ g\ z$$ *Gleichung 2.8*

(In Anlehnung an: Prof. Dr. Ing. Stumpe, M. (2008). *Strömungslehre Vorlesungsmanuskript.* Soest: FH SWF, S.31 ff.)

2.2.1.2 Hydrodynamischer Druck

Im Gegensatz zum hydrostatischen Druck verändert sich der hydrodynamische Druck mit der kinetischen Energie des Fluides. Er ist definiert als die Oberflächendruckänderung gegenüber dem hydrostatischen Druck. Diese Eigenschaft findet sich im Energieerhaltungssatz nach Bernoulli wieder. Da im weiteren Verlauf dieser Arbeit noch auf dieses Thema eingegangen wird, wird auf die Herleitung der Gesetzmäßigkeiten des hydrodynamischen Drucks an dieser Stelle verzichtet.

Für den hydrodynamischen Druck gilt:

$$p_{dyn} = \frac{1}{2}\rho\ w^2$$ *Gleichung 2.9*

mit:

ρ: *Dichte des Fluids*

w: *Strömungsgeschwindigkeit*

Aus der Gleichung 2.9 ist ersichtlich, dass der hydrodynamische Druck mit dem Quadrat der Geschwindigkeit ansteigt. Dieses Phänomen resultiert aus dem Energieerhaltungssatz, auf den im Abschnitt 2.2.4, Energieerhaltung in inkompressiblen Fluidsystemen, eingegangen wird.

(In Anlehnung an: Prof. Dr. Ing. Stumpe, M. (2008). *Strömungslehre Vorlesungsmanuskript.* Soest: FH SWF, S.78 ff.)

2.2.2 Strömungsformen

In der Strömungslehre unterscheidet man zwei grundsätzliche Strömungsformen. Diese sind:

- Die stationäre Strömung

  $\vec{w} = f(x, y, z) \ bzw. \ \frac{dw}{dt} = 0$ *Gleichung 2.10*

  Die Strömungsgeschwindigkeit ist zeitunabhängig
- Die instationäre Strömung

  $\vec{w} = f(x, y, z, t) \ bzw. \ \frac{dw}{dt} \neq 0$ *Gleichung 2.11*

  Die Strömung ist abhängig von der Zeit

Gehen wir davon aus, dass während der Prüfung der Pumpe eine Systemänderung vollzogen wird, so ist die Strömung instationär. Das heißt, öffnet man während der Prüfung ein Ventil, so ändern sich der Druck und die Strömungsgeschwindigkeit. Aufgrund der Tatsache, dass die instationäre Strömung eine wesentlich komplexere Berechnung erfordert, wird der Versuch unternommen, das geänderte Prüfstandsystem erst dann messtechnisch zu erfassen, wenn sich die physikalischen Größen auf einen Wert eingependelt haben. Durch diesen Umstand wird die Strömung im zu behandelnden System stationär, und es gelten die einfacher zu behandelnden stationären Kontinuitätsgleichungen.

Bislang wurde das System Pumpenprüfstand als ideales reibungsfreies fluidmechanisches System betrachtet. Diese Betrachtungsweise ist ausreichend für eine erste Näherung an die theoretische Betrachtung der zu erwartenden Drücke und Volumenströme. Da aber jedes System reibungsbehaftet ist, wird es erforderlich sein die Reibungsverluste in die Berechnung einfließen zu lassen. Hierbei ist es erforderlich eine weitere Unterscheidung der Strömungsform zu vollziehen. Man unterscheidet nach der Art des Strömungsverhaltens bezüglich des inneren Zustands.

(In Anlehnung an: Bauer, G. (2009). *Ölhydraulik 9. Auflage.* Wiesbaden: Vieweg Teubner. S. 43 ff.)

2.2.3 Energieerhaltung in inkompressiblen Fluidsystemen

In den vorangegangenen Abschnitten wurden die Begriffe Druck und Strömung kurz erörtert. In diesem Abschnitt befassen wir uns mit den Kontinuitätsgleichungen der Strömungsmechanik, um die erforderlichen Kenngrößen des Pumpenprüfstandes in einen Zusammenhang zu bringen.

Betrachtet man eine Stromröhre, so stellt man fest, dass bei stationären Strömungen keine Massen erzeugt oder gespeichert werden. Somit gilt das Prinzip der Massenerhaltung, und es gilt:

$$\dot{m}_1 = \dot{m}_2 = const. \qquad \textit{Gleichung 2.12}$$

$$\dot{m} = \frac{dm}{dt} = \frac{d(\rho\, V)}{dt} = \rho \frac{dV}{dt} + V \frac{d\rho}{dt} \qquad \textit{Gleichung 2.13}$$

Da im stationären Fall die Dichte zeitlich konstant ist, gilt:

$$\dot{m} = \rho \frac{dV}{dt} = \rho\, \dot{V} = \rho\, A\, w \qquad \textit{Gleichung 2.14}$$

Setzt man die Gleichung 2.14 in die Gleichung der Massenerhaltung, Gleichung 2.12, ein, so erhält man folgenden Zusammenhang:

$$A_1\, w_1\, \rho_1 = A_2\, w_2\, \rho_2 = \dot{m} \qquad \textit{Gleichung 2.15}$$

Aufgrund der Inkompressibilität des zu untersuchenden Fluides Heizöl ist die Dichte konstant. Aus diesem Grund gilt:

$$A_1\, w_1 = A_2\, w_2 = \dot{V} \qquad \textit{Gleichung 2.16}$$

Nun stellen wir eine Betrachtung des Kontrollraums für eine Energiebilanz auf.

Diese Energiebilanz wird mit Hilfe des aus der Mechanik bekannten Energieerhaltungssatzes durchgeführt. Dieser sagt aus, dass die Gesamtenergie eines Körpers in verschiedenen Energieformen auftreten kann. Diese Energieformen können wechselseitig ihre Größe ändern, die Gesamtenergie des Systems bleibt aber stets erhalten.

In diesem Kontext ist der nächste Schritt die grundsätzlichen Energieformen zu erreichen, die ein Fluid annehmen kann. Diese Energieformen sind:

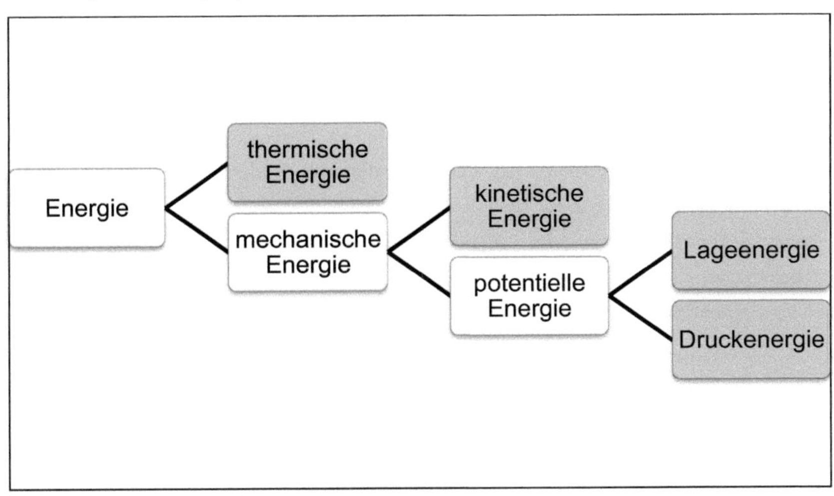

Abbildung 2-7 Energieformen

Für die in diesem Kontext relevanten Energien und ihren Wechselwirkungen gelten folgende Gleichungen:

Thermische Energie

$E_{th} = m\,u$ *Gleichung 2.17*

Kinetische Energie

$E_{kin} = \frac{m\,w^2}{2}$ *Gleichung 2.18*

Lageenergie

$E_{pot} = m\,g\,z$ *Gleichung 2.19*

Druckenergie

$E_p = p\,V$ *Gleichung 2.20*

Betrachtet man den Fall der Energieerhaltung für eine konstante Stromröhre, so ergibt sich:

$\dot{m}\,g\,z + \dot{m}\,\frac{p}{\rho} + \dot{m}\,\frac{w^2}{2} + \dot{m}\,u = const.$ *Gleichung 2.21*

Nun beziehen wir die Gesamtenergie aus Gleichung 2.21 auf den Mengenstrom, so ergibt sich:

$g\,z + \frac{p}{\rho} + \frac{w^2}{2} + u = const.$ *Gleichung 2.22*

Wendet man die gewonnenen Erkenntnisse auf den 1. Hauptsatz der Thermodynamik an, ergibt sich folgender Zusammenhang:

1. Hauptsatz der Thermodynamik:

$dq = du + p\,dv$ *Gleichung 2.23*

mit:

dq: *Änderung der inneren Energie*

du: *Änderung der Wärmeenergie*

dv: *Volumenänderung*

Für Strömungen von Flüssigkeiten gilt, dass ein adiabates System vorliegt, somit ist dq=0. Des Weiteren gilt für Flüssigkeiten die Inkompressibilität, aus diesem Grund ist dv=0. Da der 1. Hauptsatz der Thermodynamik seine Gültigkeit erhalten muss, folgt daraus, dass auch du=0 sein muss.

Somit vereinfacht sich die Energiegleichung 2.22 zu folgender Gleichung:

$$g\,z + \frac{p}{\rho} + \frac{w^2}{2} = const. \qquad \textit{Gleichung 2.24}$$

Diese vereinfachte Gleichung 2.24 wird als Bernoulli-Gleichung bezeichnet und erlaubt nun eine Energiebilanz über ein System zu tätigen.

Es gilt also:

$$p_1 + \rho\, g\, z_1 + \frac{\rho}{2} {w^2}_1 = p_2 + \rho\, g\, z_2 + \frac{\rho}{2} {w^2}_2 \qquad \textit{Gleichung 2.25}$$

Diese Energiebilanz ist ein erforderliches Mittel zur Dimensionierung der Rohrleitungssysteme und der Pumpe selbst, da man mit Hilfe dieser Energiebilanz die wirksamen Drücke und Volumenströme für jeden Systempunkt bestimmen kann.

(In Anlehnung an: Prof. Dr. Ing. Stumpe, M. (2008). *Strömungslehre Vorlesungsmanuskript.* Soest: FH SWF. S.15 ff.)

3 Produktentwicklungszyklus

In diesem Kapitel wird der grundsätzliche Produktentwicklungszyklus des Pumpenprüfstands beschrieben. Unter einer Produktentwicklung wird allgemein die Tätigkeit zum Lösen einer technischen Aufgabe verstanden, die sich aus den beiden Tätigkeiten Entwickeln und Konstruieren zusammensetzt. Das Ziel einer Produktentwicklung ist die Erstellung eines Produktes, hierbei unterscheidet man folgende Produktarten:

- Neuentwicklung
- Anpassungsentwicklung
- Weiterentwicklung
- Variantenentwicklung

Bei dem zu entwickelnden Pumpenprüfstand handelt es sich um eine Neuentwicklung, aus diesem Grund ist auch der Entwicklungszyklus auf die vorgegebene Produktart angepasst.
Der allgemeine Produktentwicklungszyklus gliedert sich nach den Vorgaben der technischen Richtlinie 2221 des VDI. Diese VDI Richtlinie beschreibt die Methodik der Produktentwicklung und Konstruktion von technischen Systemen und Produkten. Diese Richtlinie wird als Leitfaden zur logischen und zweckmäßigen Konstruktion und Entwicklung verstanden, um einen klar definierten und durchgängigen Entwicklungszyklus zu erreichen.
Die VDI 2221 behandelt allgemeingültige und branchenunabhängige Grundlagen des methodischen Entwickelns technischer Produkte. Die Richtlinie beschreibt Arbeitsschritte und definiert Zielergebnisse in generell logischer und zweckmäßiger Reihenfolge.
Aufgrund der Tatsache, dass das Unternehmen Niehüser Armaturenbau keinen internen Leitfaden zur durchgängigen Produktentwicklung bereithält, bietet sich die Nutzung der VDI 2221 zur Entwicklung des Pumpenprüfstandes an. Die Richtlinie teilt den Produktentwicklungszyklus in vier Phasen ein:

- Planungsphase
- Konzeptionsphase
- Entwurfsphase
- Ausarbeitungsphase

Diese Phasen bauen jeweils logisch und inhaltlich aufeinander auf, sind aber iterativ. Das bedeutet, dass auch eine nachträgliche Anpassung vergangener Phasen möglich ist. Ziel ist es, sämtliche Einflussgrößen auf das System ganzheitlich zu erfassen und anhand dieser Gesichtspunkte ein optimiertes Produkt zu erstellen. Hierzu wird die Entwicklung von groben Entwürfen hin zu fein gegliederten technischen Zeichnungen durchgeführt. Die Richtlinie soll zur Verhinderung von groben Fehlern und zu einem optimierten Einsatz der

Produktionsfaktoren Arbeit, Boden, Kapital und dem dispositiven Faktor während der Produktentwicklung und des Produkteinsatzes beitragen.

In dieser Arbeit wurde die Produktentwicklung linear ausgeführt, dass bedeutet, dass konsequent eine schrittweise Entwicklung angefangen an der Wirkstelle Pumpe – Motor die weiteren Baugruppen wurden nacheinander entwickelt und konstruiert. Ein weiteres Modell zur Produktentwicklung ist das Simultaneous Engineering. Hierbei laufen die Entwicklungen der Baugruppen simultan ab. Das Simultanneous Engineering hat eine wesentlich kürzere Entwicklungsdurchlaufzeit zur Folge, erschwert aber die nachträgliche Änderung von bereits entwickelten Bauteilen.

Um die Phasen und Arbeitsschritte des Produktentwicklungszyklus nach VDI 2221 ganzheitlich anzuwenden, ist es erforderlich charakteristische Meilensteine einzuführen. Diese Meilensteine kennzeichnen einen definierten Entwicklungsstand der jeweiligen Phase, bzw. setzten ein Kennzeichen zum Übertritt in die nächste Phase. Diese Meilensteinmethodik ist erforderlich um eine durchgängige und rationale Produktentwicklung zu ermöglichen.

Zu einem Produktentwicklungszyklus gehören nach VDI 2221 folgende Phasen und Arbeitsschritte:

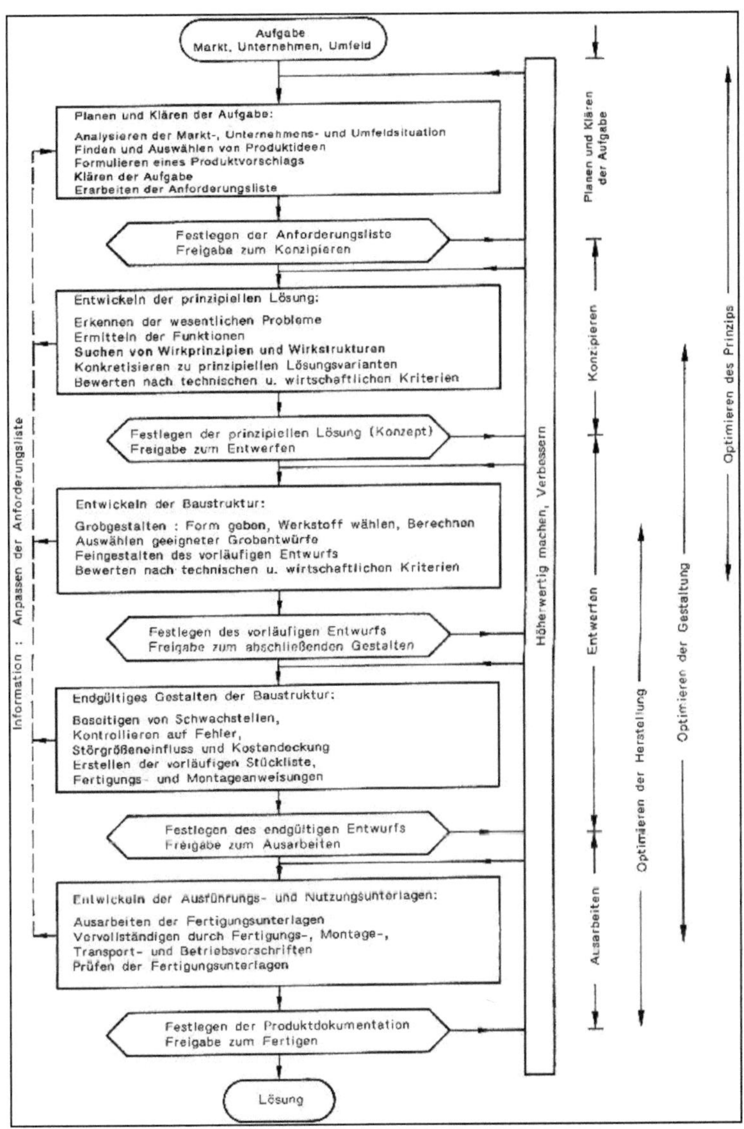

Abbildung 3-1 Hauptarbeitsschritte des Produktentwicklungszyklus

(Quelle: Pahl, G. (2006). *Konstruktionslehre 7. Auflage*. Berlin: Springer S. 193)

In den nachfolgenden Kapiteln werden die einzelnen Produktentwicklungsphasen beschrieben und auf das vorhandene Problem angewandt.

3.1 Planungsphase

In diesem Abschnitt wird die Systematik der Planungsphase näher erläutert und die konkrete Anwendung auf die Prüfstandentwicklung dargestellt. Die Planungsphase umfasst im Einzelnen die Klärung und Präzisierung der Aufgabenstellung. Wie in Abbildung **3-1** bereits dargestellt, sind hierzu folgende Schritte erforderlich:

1. Analyse der Markt-, Unternehmens- und Umfeldsituation
2. Finden und Auswählen von Produktideen
3. Formulieren eines Produktvorschlags
4. Klären der Aufgabe
5. Erarbeiten der Anforderungsliste

Die Punkte eins bis vier kumulieren sich zur endgültigen Anforderungsliste.

Als Meilenstein dieser Phase fungieren die Anforderungsliste sowie die Freigabe zum Konzipieren.

Im bestehenden Entwicklungszyklus wurden die Schritte eins bis drei bereits durch die zuständigen Projektingenieure, Herrn Dipl. Ing. Markus Hölter und Herrn Dipl. Ing. Detlef Waldmann erledigt. Aus diesem Grund wird auf die Schritte eins bis drei nicht detailliert eingegangen, sondern werden nur ihre Ergebnisse erläutert.

3.1.1 Analyse der Umfeldsituation

Die Umfeldanalyse gliedert sich wiederum in mehrere Bereiche. Sie dient der Einschätzung der Marktsituation und den künftigen produkttechnischen Trends um ein bedarfsgerechtes Produkt zu entwickeln. Diese Schritte sind:

- Erkennen der Lebenszyklusphase
- Aufstellen einer Produkt-Markt-Matrix
- Erkennen der eigenen Leistungsfähigkeit
- Erfassen des Stands der Technik
- Abschätzen künftiger Trends

3.1.1.1 Erkennen der Lebenszyklusphase

Als erster Schritt wurde die Einordnung der Pumpe in eine Phase des Produktlebenszyklus definiert. Hier kam man zu dem Ergebnis, dass sich die Pumpe noch im Stadium der Entwicklung befindet. Aus diesem Grund ist es erforderlich einen Versuchsprüfstand zu entwickeln, der es ermöglicht grundlegende Kenngrößen der Pumpe zu überprüfen. Hierzu zählen die Dauerfestigkeit, der maximal erreichbare Druckbereich, der erreichbare Volumenstrom und die Handhabbarkeit der Pumpe.

3.1.1.2 Aufstellen einer Produkt Markt Matrix

Die Produkt Markt Matrix erlaubt es dem Unternehmen eine strategische Ausrichtung zu finden oder eine bestehende Ausrichtung zu überprüfen.
Hierzu wurde eine Produkt Markt Analyse nach Ansoff durchgeführt um zu erkennen, welche strategische Ausrichtung bezogen auf das Produkt Pumpe zu bevorzugen ist.

	Bestehende Produkte	Neue Produkte
Bestehende Märkte	*Markt Durchdringung*	*Produktentwicklung*
Neue Märkte	*Markt Erweiterung*	*Diversifikation*

Tabelle 3-1 Ansoff Matrix

Aus dieser Analyse folgt, dass eine Produktentwicklung der Pumpe notwendig ist, da es sich hierbei um ein neues Produkt für das Unternehmen handelt, welches in einen bestehenden Markt eingebettet werden soll. Somit wurde an dieser Stelle eine Produktentwicklung beschlossen, die auch die Entwicklung eines Prüfstandes erfordert.

3.1.1.3 Erkennen der eigenen Leistungsfähigkeit

Die Analyse der eigenen Leistungsfähigkeit wurde mit Hilfe einer Wettbewerbsanalyse und einer SWOT-Analyse durchgeführt. Diese führte zu dem Ergebnis, dass sowohl im Produktportofolio des Unternehmens als auch im Marktbedarf Verbesserungspotential steckt. Das Produkt Pumpe ergänzt das vorhandene Produkt Schlauchtrommel und führt zu einer besseren Marktdurchdringung im Segment der Tankfahrzeugausrüstung. Die Analyse der technischen Leistungsfähigkeit, bezogen auf den Herstellungsprozess der Pumpe und des zugehörigen Prüfstands, stellte einen Mangel in der Zerspanungstechnik und der Schweißtechnik heraus. Aus diesem Grund wurde festgelegt, dass die Herstellung des Pumpenprüfstandes an einen externen Zulieferer vergeben werden soll. In diesem Kontext wurde auch eine Absatzanalyse durchgeführt, die zu dem Ergebnis kam, dass eine voraussichtliche Absatzgröße von 200 Stück. per annum realistisch ist. Dies bedeutet im Umkehrschluss, dass pro Tag eine Pumpe hergestellt und geprüft werden muss.

3.1.1.4 Erfassen des Stands der Technik

Zum Erfassen des Stands der Technik wurde einschlägige Fachliteratur, in Form von Büchern und Fachmagazinen, hinzugezogen. Bezogen auf den Prüfstand, führte dieser Schritt zu einer groben konstruktiven Realisierung des Prüfstandes. Es erschlossen sich mögliche Fehlerquellen und Probleme anhand technischer Dokumentationen anderer Hersteller. Zudem wurde ein Überblick über die grundsätzliche Wirkprinzipien gewonnen. Es stellte sich heraus, dass die Prozesssteuerung üblicher Weise mit Hilfe einer speicherprogrammierbaren Steuerung realisiert wird. Zudem ergab sich eine branchenübliche Schnittstelle zwischen Mensch und Maschine durch ein Touch Screen Display, welches mittels Programmiersoftware bedarfsgerecht und flexibel anpassbar ist.

3.1.1.5 Abschätzen künftiger Trends

Dieser Schritt wurde mit Hilfe einer Portfolioanalyse durchgeführt. Diese zeigte, dass der Trend in der Tankfahrzeugindustrie zu der Annahme führt, dass in den nächsten Jahren kein großes Marktwachstum zu erwarten ist. Dies führt zu der Annahme, dass sich die Marktausrichtung für die Pumpe auf die strategische Marktdurchdringung konzentrieren sollte. Dieser Umstand hätte zur Folge, dass täglich eine größere Anzahl an Pumpen zu produzieren und zu prüfen ist. In dieser Phase stellte sich die Frage nach dem Automatisierungsgrad des Prüfstands. Hier wurden Überlegungen zur Realisierung eines voll automatisierten Prüfstandes angestellt, der mannlos die Pumpen einfördert, prüft, reinigt, verpackt und ausfördert. Diese Überlegungen wurden aber durch den leitenden Projektingenieur verworfen, da dieser ein Marktwachstum der Pumpe nicht für realistisch hielt. Es wurde beschlossen, dass ein solch hoher Automatisierungsgrad nicht erforderlich sei.

3.1.2 Finden und Auswählen von Produktideen

Die Suche und Auswahl von Produktideen wurde mit Hilfe einer intuitiven Methode, der Methode 6-3-5 herausgearbeitet. Dieser Prozess eignete sich besonders gut für die Entwicklungsarbeit des Prüfstandes, da hier auch wirtschaftliche Aspekte einflossen. Die Methode lieferte folgende grobe Produktidee:

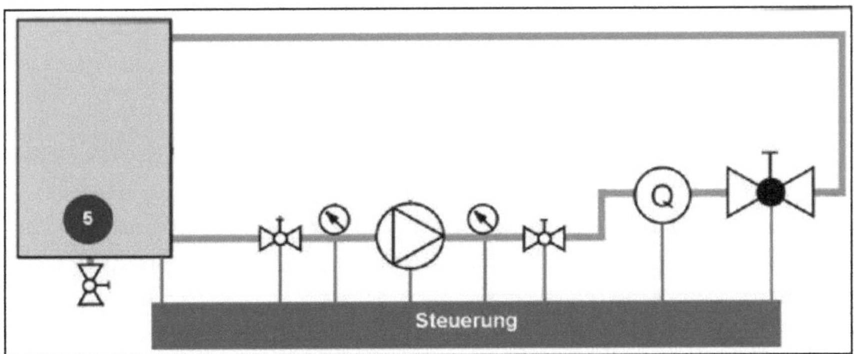

Abbildung 3-2 Prinzipskizze Pumpenprüfstand

(Quelle: http://ibz.mountaindesign.ch/galerie/casestudie/cs2006a_grp2.pdf, abgerufen am 30.05.2011)

3.1.3 Formulieren eines Produktvorschlags

Aus der Produktidee aus Abschnitt 3.1.2 folgt die nachfolgende Formulierung des Produktvorschlags für den Pumpenprüfstand.
Der Prüfstand soll es ermöglichen, die Flügelzellenpumpe vom Typ Niehüser NP-800 qualitativ zu überprüfen. Hierzu ist die Pumpe manuell in eine Spannstation einzubringen und zu spannen. Der Antrieb der Pumpe soll es ermöglichen die theoretische Leistung der Pumpe, welche laut Datenblatt vorliegt, zu erreichen. Der Druckprüfbereich des Prüfstands soll einen Differenzdruck von Saug- und Druckseite von 30 bar ermöglichen. Der Druck soll mittels geeigneter Stellglieder regelbar sein, hierzu ist auch die Antriebsdrehzahl regelbar zu gestalten. Es muss die Möglichkeit gegeben sein, den erzeugten Volumenstrom zu erfassen und in geeigneter Weise zu speichern.
Diese grobformulierten Anforderungen werden im weiteren Verlauf dieser Arbeit präzisiert und ausgearbeitet.

3.1.4 Klären der Aufgabe

Aus den bisher durchgeführten Vorüberlegungen ergeben sich folgende Aufgaben:

- Fertigungsprüfungen mit elektronischer Messwerterfassung
- Dauerprüfungen
- Variable Pumpenfixierung
- Variable Anschlussleitungen

Als Antrieb soll ein drehzahlverstellbarer Motor eingesetzt werden.

- Drehzahlbereich 0 bis ca. 2000 min^{-1}
- Antriebsleistung nach Bedarf
- Alternativ Hydraulikmotor

Aufgrund der zu erwartenden Geräuschentwicklung soll der Prüfstand in einem separaten Raum aufgestellt werden und in einen vorhandenen Durchflussprüfstand integriert werden.
Ziel ist es die Fertigungsprüfungen von Pumpen automatisch durchzuführen. Das Anschließen der Pumpe sowie das Entlüften der Pumpe mit dem Prüfmedium Heizöl und die anschließende Dichtigkeitskontrolle erfolgen manuell.
Das Anfahren vorher definierter Messpunkte mit Aufzeichnung der Messwerte soll über eine speicher programmierbare Steuerung Siemens Simatic S7 erfolgen. Um unterschiedliche Staudrücke bei vorgegebener Drehzahl anfahren zu können, muss der Volumenstrom in geeigneter Weise gedrosselt werden. Als Messeinrichtung soll ein vorhandener

Durchflusszähler[3] verwendet werden. Da dieser Durchflusszähler über ein mechanisches Zählwerk älteren Baujahres verfügt, ist die Möglichkeit einer Umrüstung auf einen Impulsgeber zu prüfen und gegebenenfalls durchzuführen. Ein Erhalt der alten Anzeige ist wünschenswert. Die entstandenen Messdaten sollen geeignet automatisiert gespeichert werden, um bei Bedarf ausgegeben werden zu können.

3.1.5 Erstellung der Anforderungsliste

Die Anforderungsliste wurde an dieser Stelle mit Hilfe einer Hauptmerkmalmatrix erstellt. Diese Hauptmerkmalliste wurde der VDI 2221 entnommen und bedarfsgerecht angepasst. Die Merkmalliste umfasste nun folgende Hauptmerkmale:
Geometrie, Kinematik, Kräfte, Energie, Stoff, Signal, Sicherheit, Ergonomie, Fertigung, Kontrolle, Montage, Gebrauch, Instandhaltung und Recycling.
Anhand dieser Merkmale wurde die Anforderungsliste erstellt und mit den Kürzeln W für Wunschforderung und F für Festforderung versehen. Die genaue Übersicht über die gestellten Forderungen finden Sie im Anhang, in der Tabelle 0.1, dieser Arbeit. Die charakteristischen Forderungen werden nun kurz dargestellt:

Festforderungen:

- Rahmen aus Stahlprofilen (S235JR)
  - 2000mm x 600mm x 600mm (l x b x h)
- Prüfung von Pumpentyp
  - Niehüser NP800
- Prüfungsparameter:
  - Möglicher Axialversatz, zwischen Pumpe und Motor, in horizontaler und vertikaler Richtung 150 mm – 200 mm
  - Medium: Heizöl
- Automatisierte Messwerterfassung und Aufbereitung
  - Messwerterfassung:
    - Volumenstrom: vorhandener Ovaldurchflussmesser
    - Druck: Druckaufnehmer
  - Messwertaufbereitung:
    - Automatisierte Kennlinienerstellung
    - Automatisierte Zuordnung zur Pumpenseriennummer
    - Automatisierte Speicherung

[3] In diesem Fall ein Ovalradzähler

- Automatisierte Steuerung des Prüfstandes
  - Siemens SPS S7-200
  - Step7
  - WinCC
- Elektrischer Antrieb der Pumpen
  - Drehstromgetriebemotor
  - Gelenkwelle (vorhanden)
- Betrieb nach UVV, VDE und VDI Richtlinien
- Leistungsbereich:
  - Druckbereich: 8bar – 12 bar
  - Volumenstrom: $1200\frac{l}{min}$
  - Antriebsleistung: 30 kW
  - Drehzahl: $1\,\frac{1}{min} - 1500\,\frac{1}{min}$

Wunschforderungen:

- Auffangen von Lecköl
- Rückführung von Lecköl
- Möglichst geringe Rüstzeiten
- Bedienerschutz vor Flüssigkeiten und mechanischen Komponenten

Mit der Erstellung der Anforderungsliste wird der festgelegte Meilenstein für die Planungsphase erreicht. Somit ist die Planungsphase an dieser Stelle abgeschlossen. Es folgt nun die Konzeptionsphase des Prüfstands.

3.2 Konzeptionsphase

In diesem Kapitel wird die Konzeptphase des Entwicklungszyklus behandelt und auf den Entwicklungsauftrag Pumpenprüfstand angewendet. Unter dem Begriff konzipieren versteht man im Zusammenhang der Produktentwicklung die schrittweise strukturierte Entwicklung und Auswahl von Lösungsprinzipien, die sich dann logisch strukturiert zur Gesamtlösung ergänzen. Die Konzeptionsphase greift die gewonnene Erkenntnisse der Planungsphase auf, um anhand dieser eine möglichst fehlerfreie Produktentwicklung durchzuführen.
Zunächst sind einige prinzipielle Fragen zu klären, bevor mit der Konzeption begonnen werden kann. Zum einen stellt sich die Frage, ob und in welchem Umfang der Meilenstein, der das Erreichen eines Phasenendes kennzeichnet, erreicht wurde. Erst wenn vollständig geklärt ist, ob die Planungsphase abgeschlossen ist, sollte mit der Konzeptphase begonnen werden. In diesem Fall wurde im Abschnitt 3.1 bereits das Ende der Planungsphase

festgestellt, und aus diesem Grund kann mit der Konzeptphase begonnen werden. Des Weiteren stellt sich die Frage, ob eine Konzeptphase überhaupt notwendig ist, oder ob aus der Planungsphase heraus bereits eine Lösung gefunden wurde. Die Antwort auf diese Fragestellung ist in diesem Fall positiv, da noch keine endgültige Lösung gefunden wurde. Eine weitere Frage stellt sich nach dem methodischen Umfang dieser Phase, respektive ob es sich als zielführend erweisen würde den methodischen Umfang vollständig auszuschöpfen. Um diese Fragestellung zu klären, bedarf es der grundsätzlichen Darstellung der Arbeitsschritte der Konzeptphase. Diese Arbeitsschritte sind:

1. Abstrahieren der Aufgabenstellung
2. Zerlegen der Gesamtfunktion in Teilfunktionen
3. Suchen von Wirkprinzipien zum Erfüllen der Teilfunktionen
4. Kombinieren der Wirkprinzipien zur Wirkstruktur
5. Auswählen geeigneter Lösungskombinationen
6. Bewerten nach technischen und wirtschaftlichen Kriterien
7. Festlegen der prinzipiellen Lösung

Die Entscheidung, ob ein Arbeitsschritt erforderlich ist, wird in den folgenden Abschnitten durch eine Zielanalyse ermittelt.

In dieser Phase ist der Meilenstein die Festlegung der prinzipiellen Lösung. Ist dieser Schritt abgearbeitet, so geht der Entwicklungsprozess in die nächste Phase über.

3.2.1 Abstrahieren der Aufgabenstellung

Dieser Schritt wurde bereits in den Vorplanungen zur Prüfstandentwicklung durchgeführt. Es stellt sich heraus, dass das physikalische Prinzip der Flügelzellenpumpe entscheidend für die Prüfaufgabe ist. Somit ist eindeutig geklärt, dass es sich bei der Prüfung um das Verdrängungsvolumen der Pumpe handelt. Das muss durch eine messtechnische Untersuchung des Systems ermittelt werden. Dieses Ziel wird durch die Volumenstrommessung erreicht. Die abstrahierte Aufgabenstellung lautet: Messung des Verdrängungsvolumens der Flügelzellenpumpe Niehüser NP-800.

3.2.2 Zerlegung der Gesamtfunktionen in Teilfunktionen

Um eine vollständige Beschreibung des zu entwickelnden Systems zu erreichen, ist es erforderlich die Gesamtfunktion des Systems in Teilfunktionen zu zerlegen. Diese Teilfunktionen werden wiederum in kleinere Teilfunktionen unterteilt, bis man schließlich auf das physikalische Wirkprinzip dieser Funktion trifft. Ziel ist eine vollständige Beschreibung des Systems, bezogen auf seine technischen Größen, um somit den Entwicklungsprozess von grob nach detailliert durchzuführen. Zur Zerlegung in Teilfunktionen existieren mehrere Analysemethoden, auf die im Einzelnen nicht weiter eingegangen wird.

Die genaue Aufspaltung der Gesamtfunktion in Teilfunktionen finden Sie im Anhang dieser Arbeit.

Durch die Analyse wurden folgende Teilfunktionen ermittelt:

- Pumpe bereitstellen
    - Gestell
    - Aufnahme
- Volumenstrom erzeugen
    - Antrieb
        - Motor
        - Kupplung
    - Volumenstrom messen
- Förderhöhe verändern
    - Anheben
    - Strömungswiderstand erzeugen
- Medium bereitstellen
    - Schlauchleitung
    - Rohrleitung

Anhand dieser Aufstellung wird deutlich, dass hier schon einige Wirkstrukturen ermittelt wurden, die erst im nächsten Abschnitt 3.2.3 von Bedeutung sind. Zudem wurden bereits einige Punkte komplett gelöst, da in der Planungsphase bereits konkrete Konzepte zur Realisierung einzelner Teilfunktionen vorlagen. An dieser Stelle wird deutlich, dass nicht zwangsläufig alle Arbeitsschritte zum Erreichen des Ziels notwendig sind, es kommt in der Praxis oft vor, dass einzelne Arbeitsschritte mit nachfolgenden oder vorangegangen korrespondieren.

3.2.3 Suche nach Wirkprinzipien zum Erfüllen der Teilfunktionen

In diesem Abschnitt wird die Suche nach den Wirkprinzipien, die zum Erfüllen der Teilfunktionen erforderlich sind, durchgeführt. Diese Suche wurde durch Konstruktionskataloge unterstützt, die der folgenden Literatur entnommen wurden: Roth, K. (2001). *Konstruieren mit Konstruktionskatalogen Band 1, 3. Auflage.* Berlin: Springer.
Roth, K. (2001). *Konstruieren mit Konstruktionskatalogen Band 2, 3. Auflage.* Berlin: Springer. Diese Werke befassen sich ausschließlich mit der Konstruktion mittels Konstruktionskatalogen. Im Entwicklungsprozess des Pumpenprüfstands sind zu diesem Zeitpunkt bereits die relevanten Wirkprinzipien gefunden, die im nachfolgenden Teil noch ausgewertet werden müssen. Man stellt fest, dass dieser Schritt bereits im vorherigen Arbeitsschritt vollständig abgearbeitet wurde. Es wurde lediglich eine Kontrolle der gewonnenen Erkentnisse durch die Konstruktionskataloge aus den oben genannten Quellen durchgeführt. Ein Teilschritt der sich an diese Kontrolle anschließt, ist die Einordnung der zerlegten Teilfunktion mit ihren Wirkprinzipien in eine mehrdimensionale Matrix, um die Bewertung der optimalen Wirkprinzipien zu unterstützen. Dieses Verfahren ergibt sich aus dem morphologischen Kasten, der aus den vorangegangenen Arbeitsschritten resultiert. Der morphologische Kasten ist eine diskursive Ideenfindungsmethode, bei der die Wirkprinzipien zu den Teilfunktionen im Teamprozess erarbeitet werden.
Der entstandene Morphologische Kasten ist in der folgenden Abbildung exemplarisch für die Teilfunktion Aufnahme der Pumpe dargestellt. Eine vollständige Darstellung finden Sie im Anhang an diese Arbeit.

Teil-funktion	Lösung 1	Lösung 2	Lösung 3	Lösung 4	Lösung 5	Lösung 6
Aufnahme	Schweiß-konstruktion Winkel	Schweiß-konstroktion Einfassung	Hydrau-lischer Backen-spanner	Magnet spanner	Nullpunkt -spann-system	Mech-anischer Backensp anner

Tabelle 3-2 Morphologischer Kasten Aufnahme

Anhand dieser Tabelle werden die kommenden Schritte beispielhaft erläutert, um den Umfang der Arbeit auf die wesentlichen Merkmale zu reduzieren. Eine ausführliche Darstellung der folgenden Schritte finden Sie im Anhang dieser Arbeit.

3.2.4 Bewerten der Lösungen nach technischen und wirtschaftlichen Gesichtspunkten

In diesem Schritt vereinen sich die Arbeitsschritte: 4 Kombinieren der Wirkprinzipien zur Wirkstruktur, 5 Auswählen geeigneter Lösungskombinationen und 6 Bewerten nach technischen und wirtschaftlichen Kriterien. Eine konsequente Trennung dieser Schritte ist in diesem Fall nicht erforderlich, da durch Vorüberlegungen in der Planungsphase bereits ein eindeutiges Konzept erarbeitet wurde. Zudem wurde bei der Morphologischen Analyse festgestellt, dass sich sämtliche Lösungsvarianten kombinieren lassen, ohne dass nicht lösbare Zustände auftreten, somit würde man eine sehr hohe Anzahl[4] an möglichen Wirkstrukturen erhalten. Aus diesem Grund werden die einzelnen Lösungen in diesem Arbeitsschritt anhand von Bewertungskriterien bewertet, um so die optimale Lösung zu erhalten. Es erübrigt sich daher auch der fünfte Arbeitsschritt Auswählen geeigneter Lösungskombination, da sich keine unlösbare Lösungskombination darstellt.
Gehen wir nun näher auf den sechsten Schritt Bewerten nach technischen und wirtschaftlichen Gesichtspunkten ein. Um eine qualitative Bewertung der Lösungen zu erreichen, ist es sinnvoll sich in erster Instanz mit den möglichen Bewertungskriterien zu befassen. Die Bewertungskriterien stammen auf der wirtschaftlichen Seite aus dem ZVEI-Kennzahlensystem des Zentralverbands der Elektrotechnik- und Elektroindustrie und aus technischer Sicht aus der VDI Richtline 2225. Nach dieser Richtlinie sind folgende Bewertungskriterien zu berücksichtigen:

- Funktion:
  Erreichen der Zielvorgaben aus der Anforderungsliste (K1)
- Wirkprinzip:
  ausreichende Wirkung (K2) und geringe Störanfälligkeit (K3)
- Gestaltung:
  keine speziellen Werkstoffe und geringe Komplexität (K4)
- Sicherheit:
  Arbeits- und Umweltsicherheitskonform (K5)
- Ergonomie:
  Mensch-Maschine-Beziehung befriedigen, keine unnötigen Belastungen (K6)
- Fertigung:
  Wenige verschiedene und gebräuchliche Fertigungsverfahren anwenden, keine aufwendige Geometrie erzeugen, geringe Teilezahl anstreben (K7)
- Kontrolle:
  Wenige Kontrollmaßnahmen anstreben (K8)

---

[4] 279 936 mögliche Kombinationen

- Montage:
  Möglichst ohne aufwendige Hilfsmittel (K9)
- Gebrauch:
  Leichte Bedienung, dauerfester Betrieb (K10)
- Instandhaltung
  Einfache Reinigungsmöglichkeit, geringer Wartungsbedarf (K11)
- Recycling
  Problemlose Beseitigung (K12)
- Kosten
  Geringer Kosten-Nutzen-Aufwand (K13)

Nun ist es erforderlich diese Bewertungskriterien untereinander zu bewerten, um zu gewährleisten, dass eine optimale prioritätsbezogene Bewertung der Lösungsvarianten der Teilfunktionen möglich ist. Diese Bewertung wird mit Hilfe einer Bewertungsmatrix durchgeführt, so dass die einzelnen Bewertungskriterien in ihrer gegenseitigen Beziehung berücksichtigt werden um ihre Priorität zur Erfüllung der Gesamtfunktion zu ermitteln.
Die nachfolgende Tabelle **3-3** zeigt die Prioritätszahl der Bewertungskriterien. Im Anhang finden Sie die vollständige Bewertungsmatrix der Bewertungskriterien.

Kriterium	**Prozentuale Priorität**
Erreichen der Zielvorgaben	13%
Ausreichende Wirkung	16%
Geringe Störanfälligkeit	12%
Werkstoffe und Komplexität	3%
Arbeits- und Umweltkonform	14%
Mensch-Maschine -Beziehung	6%
Einfache Verfahren, einfache Geometrie	7%
Wenige Kontrollmaßnahmen	4%
Montage ohne aufwändige Hilfsmittel	3%
Leichte Bedienung, dauerfester Betrieb	12%
Geringer Wartungsbedarf	3%
Problemlose Entsorgung	7%
Geringer Kosten Nutzen Aufwand	0%

Tabelle 3-3 gewichtete Bewertungskriterien

Im folgenden Schritt werden die einzelnen Lösungen der Teilfunktionen anhand der Bewertungskriterien bewertet. Eine vollständige Aufstellung der bewerteten Teilfunktionslösungen finden Sie im Anhang dieser Arbeit. In der folgenden Tabelle wird exemplarisch das Vorgehen bei der Bewertung der Teillösungen dargestellt. Hierzu wird jede

Lösungsvariante bezüglich der Erfüllung der Bewertungskriterien aus Tabelle **3-3** bewertet und mit einem Faktor zwischen fünf und null Punkten belegt.

In der Tabelle **3-4** ist dieses Vorgehen für die Lösungsvariante eins dargestellt.

	Lösung 1											
	K1	K2	K3	K4	K5	K6	K7	K8	K9	K 10	K 11	K 12
T1	2	4	0	0	4	5	1	0	2	0	3	4
T2	0	0	0	0	0	5	4	5	3	1	3	4
T3	4	5	4	4	2	4	1	3	0	3	2	1
T4	4	5	5	5	3	3	4	2	4	4	1	0
T5	3	1	2	2	4	0	3	3	1	2	2	3
T6	2	1	0	0	1	1	2	3	1	1	0	0
T7	5	5	3	3	4	5	1	4	5	4	3	5

Tabelle 3-4 Bewertungsmatrix

Der Zeilenindex T bezeichnet die Teilfunktion, der Spaltenindex K das Bewertungskriterium. Da nun alle Teillösungen bewertet sind, werden die erreichten Punktzahlen mit den Gewichtungen der Bewertungskriterien multipliziert, um die Priorität der einzelnen Bewertungskriterien zu berücksichtigen. Hierdurch entsteht eine Wertungsmatrix, aus der sich die optimale Lösung ergibt. In nachfolgender Tabelle ist diese Wertungsmatrix für die Teilfunktion Gestell dargestellt. Die vollständige Wertungsmatrix ist im Anhang angefügt.

			Lösung 1		**Lösung 2**		**Lösung 3**		**Lösung 4**		**Lösung 5**		**Lösung 6**	
Gestell	Kriterium:	Gewichtung:	P	G x P	P	G x P	P	G x P	P	G x P	P	G x P	P	G x P
	K1	0,13	0	0	5	0,65	2	0,26	3	0,39	1	0,13	0	0
	K2	0,16	0	0	5	0,8	2	0,32	3	0,48	1	0,16	0	0
	K3	0,12	0	0	3	0,36	2	0,24	4	0,48	5	0,6	1	0,12
	K4	0,03	0	0	3	0,09	2	0,06	4	0,12	5	0,15	1	0,03
	K5	0,14	0	0	4	0,56	5	0,7	2	0,28	0	0	1	0,14
	K6	0,06	5	0,3	5	0,3	5	0,3	5	0,3	5	0,3	0	0
	K7	0,07	4	0,28	5	0,35	3	0,21	2	0,14	1	0,07	5	0,35
	K8	0,04	5	0,2	1	0,04	3	0,12	5	0,2	5	0,2	0	0
	K9	0,03	3	0,09	4	0,12	2	0,06	3	0,09	3	0,09	4	0,12
	K10	0,12	1	0,12	5	0,6	3	0,36	2	0,24	2	0,24	4	0,48
	K11	0,03	3	0,09	5	0,15	5	0,15	3	0,09	3	0,09	4	0,12
	K12	0,07	4	0,28	5	0,35	4	0,28	4	0,28	3	0,21	1	0,07
		Summe:		1,36		**4,37**		3,06		3,09		2,24		1,43

Tabelle 3-5 Wertungsmatrix Gestell

Aus dieser Matrix entsteht durch die Spaltenkumulierung die Summe der bewerteten Punkte. Die Teillösung mit dem höchsten Wert ist die vermeintlich optimalste Lösung für die Teilfunktion. Durch dieses Vorgehen stellt sich heraus, dass folgende Lösungen für die verschiedenen Teilfunktionen optimal sind:

Teilfunktion:	**Optimale Lösung:**
Aufnahme Pumpe	Schweißkonstruktion Winkel
Gestell	Schweißkonstruktion Rechteck Rohr
Motor	Drehstrommotor
Drehstarre Ausgleichskupplung	Kreuzgelenkwelle
Volumenstrommessung	Mechanischer Ovalradzähler
Medium bereitstellen	Stahlrohr
Strömungswiderstand erzeugen	Drosselklappe

Tabelle 3-6 optimale Lösungen der Teilfunktionen

Mit diesem Schritt ist der Meilenstein der Konzeptionsphase erreicht, womit diese Phase abgeschlossen ist. Es liegen nun die optimalen Lösungen für die Teilfunktionen vor, welche in der nachfolgenden Phase, der Entwurfsphase, präzisiert werden können.

3.3 Entwurfsphase

Die Entwurfsphase des Produktentwicklungszyklus umfasst die grobe Dimensionierung und Ausführung der Teilfunktionen des Systems. „Unter Entwerfen wird der Teil des Konstruierens verstanden, der für ein technisches Gebilde von der Wirkstruktur bzw. prinzipiellen Lösung ausgehend die Baustruktur nach technischen und wirtschaftlichen Gesichtspunkten eindeutig und vollständig erarbeitet. Das Ergebnis des Entwerfens ist die gestalterische Festlegung einer Lösung." (Pahl, G. (2006). *Konstruktionslehre 7. Auflage.* Berlin: Springer. S. 307) Um dieses Ziel zu erreichen, sind folgende methodische Schritte abzuarbeiten:

1. Entwickeln der Baustruktur
2. Endgültiges Gestalten der Baustruktur

Diese beiden Hauptschritte gliedern sich nach den Vorgaben der VDI 2221 und sind wiederum in Teilschritte gegliedert. Ziel dieser Phase ist es, einen Gesamtentwurf des technischen Systems zu erhalten, was in der folgenden Phase vollständig ausgearbeitet werden kann. Der Meilenstein dieser Phase ist, wie bereits erwähnt, der Gesamtentwurf des Systems.

3.3.1 Entwickeln der Baustruktur

In diesem Schritt werden die Teilschritte zum Entwickeln der Baustruktur erläutert und anhand von Beispielen auf das zu erstellende System Pumpenprüfstand übertragen. Im Verlauf des Entwicklungsprozesses wird in dieser Phase ein Punkt erreicht, ab dem es keinen Sinn mehr ergibt, das geplante und konzipierte System zu verändern, da bereits zu viel Zeit investiert wurde. Sollte man jedoch feststellen, dass in den vorangegangenen Phasen und Teilschritten grobe Fehler gemacht wurden, so empfiehlt es sich an dieser Stelle das gesamte Konzept zu verwerfen und eine prinzipielle Neuentwicklung zu beginnen, da der Kostenfaktor in dieser Phase bereits relativ hoch ist.

Die Entwicklung der Baustruktur führt zu einem festgelegten Entwurf, der anschließend endgültig gestaltet wird. Die Teilschritte zum Erreichen des festgelegten Entwurfs sind:

1. Form geben
2. Vorberechnungen
3. Werkstoffe auswählen
4. Auswählen geeigneter Grobentwürfe
5. Feingestalten des Grobentwurfs
6. Bewerten nach technischen und wirtschaftlichen Kriterien

Es stellt sich heraus, dass nicht alle oben aufgeführten Teilschritte zur Erfüllung der Aufgabe erforderlich sind. Einige Schritte wurden bereits in vorangegangenen Phasen abgearbeitet und sind schon in die bisherigen Arbeitsschritte eingeflossen. Hierzu zählen Teilschritte vier, auswählen geeigneter Grobentwürfe und sechs, bewerten nach technischen und wirtschaftlichen Kriterien.

3.3.1.1 Form geben

In diesem Teilschritt wird eine prinzipielle Formgebung anhand der Lösungen der Teilfunktionen durchgeführt. Dies ist nicht bei allen Teilfunktionslösungen erforderlich, aufgrund der Tatsache, dass einige Teilfunktionen durch Zukaufteile erfüllt werden, die bereits komplett vorgegeben sind. Hierzu gehören:

- Ovalradzähler (bereits vorhanden)
- Kreuzgelenkwelle (bereits vorhanden)
- Drehstrommotor (Kaufteil SEW)
- Drosselklappe (Kaufteil Ebro)

Für die Formgebung der weiteren Baugruppen wurden folgende Formgebungen ausgearbeitet:

Baugruppe:	**Formgebung:**
Aufnahme Pumpe	Schweißkonstruktion, 90° Winkel, optimal versteift.
Gestell	Tragfähiges Rechteckprofilrohr, geschweißt, Tischform
Medium bereitstellen	Geschweißtes Rohrleitungssystem mit TW-Flanschen von Tankanlage zum Prüfstand, vom Prüfstand über Ovalradzähler zur Tankanlage.

Der Prüfstand wird in einen vorhandenen Messraum integriert, unter dem sich die Tankanlage befindet. Der Ovalradzähler zur Messung der Durchflussmenge befindet sich auf der gegenüberliegenden Seite der Wand des Messraums.

3.3.1.2 Vorberechnung

In diesem Abschnitt werden die Baugruppen und Bauteile grob dimensioniert, um einen Überblick über die erforderlichen Baugrößen zu erhalten. Mit der Vorberechnung wird an der Wirkstelle Pumpe – Antriebsmotor begonnen, um die weiteren Berechnungen:

- Form und Baugröße des Gestells
  - Auslegung der Konstruktionprofile
  - Auslegen der Form
  - Auslegen der Verbindungselemente
- Baugröße und Versteifung des Aufnahmewinkels
  - Auslegen der Bauteile
  - Auslegen der Verbindungselemente
- Auslegen der Schutzeinrichtungen
- Berechnen des erforderlichen Rohrleitungsquerschnitts

durchführen zu können.

Berechnung des Antriebs

Moment:

$$M = \Delta p \frac{V_H}{2\pi} = 20 * 10^5 \frac{N}{m^2} \frac{7*10^{-4} m^3}{2\pi} = 223\, Nm$$ *Gleichung 3.1*

mit:

$\Delta p: Differenzdruck$

$V_H: Hubvolumen$

Leistung:

$$P_{th} = \Delta p * n * V_H = 20 * 10^5 \frac{N}{m^2} * 26{,}7 \frac{1}{s} * 7 * 10^{-4} m^3 = 37\,380\, W$$ *Gleichung 3.2*

$$P_{th} = 38\, kW$$

Bei den errechneten Werten handelt es sich um maximale Grenzwerte. Die Leistung wurde bei der Auswahl des Motors auf 30 Kw beschränkt um die vorhandene Gelenkwelle nicht zu überlasten. Es ergab sich somit folgender Antriebsmotor:

SEW Eurodrive DRS 180 LC4 FE/E67S mit einer Leistung von 30 Kw. Das Motorgewicht beträgt 250 kg und geht in die Auslegung der Gestellbauteile ein.

Berechnung des Aufnahmewinkels

Um zu gewährleisten, dass der Winkel das anliegende Moment von 300 Nm erträgt, ist zunächst zu beachten, wie groß die inneren Spannungen im Bauteil sind. Hierzu wird angenommen, dass der Winkel einen einseitig fest eingespannten Stab darstellt, der an seinem freien Ende mit einem Drehmoment von 300 Nm beaufschlagt wird.

$$\sigma_{b=}\sigma_{lim} = \frac{M_b}{W}$$ *Gleichung 3.3*

mit:

$\sigma_{lim}\ f\ddot{u}r\ S235\ JR\colon 250\frac{N}{mm^2}$

$$W_{erf.} = \frac{M_b}{\sigma_{lim}} = \frac{300000\ N\ mm\ mm^2}{250\ N} = 1200\ mm^3 = \frac{b^2\ h}{6}$$ *Gleichung 3.4*

mit:

$h_{geg.}$: $100\ mm$ *(erforderlich wegen Anschraubpunkte der Pumpe)*

$$b = \sqrt[2]{\frac{W_{erf}\ 6}{h_{geg}}} = \sqrt[2]{\frac{1200\ mm^3\ 6}{100\ mm}} = 8{,}5\ mm$$ *Gleichung 3.5*

Um einen dauerfesten Betrieb bei schwellenden Beanspruchungen zu gewährleisten, wird eine doppelte Sicherheit angestrebt. Dies ist der ausdrückliche Wunsch der Niehüser Armaturenbau und Vertriebs GmbH.

Des Weiteren ist die Durchbiegung f des Winkels zu bestimmen, wenn ein Flachstab nach EN 10058- 100mm x 20mm x 330mm für den Winkel verwendet wird:

$$f = \frac{F\ l^3}{3\ E\ I} = \frac{M_b\ l^2\ 12}{3\ E\ h\ b^3} = \frac{300000Nmm\ 330^2\ mm^2\ 12\ mm^2}{3\ 210000N\ 100mm\ 20^3 mm^3} = 0{,}8\ mm$$ *Gleichung 3.6*

Da eine Durchbiegung von 0,8 mm inakzeptabel erscheint, wird der Flachstahl auf die Abmaße 100mm x 25mm x 330mm vergrößert, ungeachtet der Tatsache, dass sich durch die geplante Verrippung die Durchbiegung wesentlich verkleinern wird. Da der freistehende Flachstahl bereits das anliegende maximale Moment trägt, wird auf eine weitere Berechnung der Rippe verzichtet.

Die Verbindungselemente werden als Schrauben der Größe M12 in der Festigkeitsklasse 10.9 eingesetzt. In dieser Festigkeitsklasse erträgt jede Schraube eine dynamische Beanspruchung von 16000N, aus diesem Grund reicht für die Aufnahme der dynamischen Kraft ein Verbindungselement dieser Größe aus. Da aber auch die Positionierung sicher gestaltet werden muss, werden 4 Schrauben M12x40 10.9 eingesetzt. Der Winkel soll auf

Wunsch der Niehüser Armaturenbau und Vertriebs GmbH nicht mit dem Gestell verstiftet werden.
Das Gewicht des Winkels wurde mittels CAD Unterstützung ermittelt und beträgt 31,5 kg.

Auslegung der Gestellbauteile

Auf das Gestell wirkt die Gewichtskraft des Motors, der Pumpe und der Aufnahmen. Hinzu kommt das angelegte Drehmoment von 300 Nm.
Die Abmaße des Gestells wurden auf 2000 mm x 600 mm x 450 mm (l x b x h) festgelegt, um eine geringe Belastung des Werkers durch das Anheben der Pumpe auf die Gestellhöhe zu erreichen. Zudem muss gewährleistet sein, dass die Breite der Schweißkonstruktion die der Tür nicht überschreitet, um eine Positionierung der Baugruppe in den Raum zu ermöglichen. Die Länge von 2000 mm wurde auf Wunsch der Niehüser Armaturenbau GmbH ausgewählt, da es ihrer Meinung nach erforderlich ist, eine Kreuzgelenkwelle als Kupplung zwischen Motor und Pumpe einzusetzten, um einen Höhen- und Querversatz von 160 mm zu simulieren. Dieser Versatz liegt auch im Einsatzbereich der Pumpe, dem Tankfahrzeug vor, da hier ein Versatz zwischen Pumpenposition und Nebenantrieb des Fahrzeugs zu erwarten ist.
Die Auslegung und Dimensionierung der Gestellbauteile wurde mit Hilfe der CAD Software Autodesk Inventor durchgeführt. Diese Software trägt ein Softwaremodul in sich, mit dessen Hilfe die optimalen Konstruktionselemente ausgewählt und berechnet werden können. Dieser Gestellgenerator schlug eine Rohrkonstruktion mit Rechteck-Profilrohren nach DIN EN 10210-2 mit den Abmessungen 50 mm x 3 mm x 50 mm vor. Da die Softwareauslegung dem Unternehmen Niehüser zu ungenau erschien, wurde eine manuelle Dimensionierung der geplanten Gestellform durchgeführt.
Hierbei stellte sich heraus, dass aufgrund der auftretenden Biegespannung und Torsionsspannung ein Rechteckrohr 40 mm x 4 mm x 40 mm ausreichend wäre. Durch planerische Schwächen und durch unzureichende Aufgabenbeschreibung entschied sich der Konstruktionsleiter für ein Profilrohr 80 mm x 5,6 mm x 80 mm, um eventuelle spätere Erweiterungen des Prüfstands zu ermöglichen.

Auslegen der Schutzeinrichtungen

Wie bereits beschrieben, handelt es sich bei der Kupplung zwischen Motor und Pumpe um eine Kreuzgelenkwelle. Da sich Motorwelle und Pumpenantriebswelle in einem durch die Gelenkwelle bedingten Abstand von 860 mm befinden, ist für die rotierenden Bauteile eine entsprechende Schutzvorrichtung zu planen. Diese Vorrichtung muss Schutz vor mechanisch rotierenden Komponenten liefern und auch einen ausreichenden Schutz gegenüber Trümmerteile bieten, falls die Gelenkwelle brechen sollte. Erste Überlegungen

führten dazu, den Pumpenprüfstand, der sich in einem separaten Raum befindet, nur von außen in Betrieb nehmen zu können, wenn die Tür des Raumes geschlossen ist. Somit hätte man die baulichen Gegebenheiten im Bezug auf Schutz gegen mechanische Komponenten und Schutz gegen das Prüfmedium ausgenutzt. Dieser Ansatz wurde verworfen, da sich herausstellt, dass der Versuchsprüfstand einer gewissen Betreuung durch den Versuchsdurchführenden bedarf, um eine dynamische Änderung der Randbedingungen der Prüfung zu erkennen und gegebenenfalls nachzubessern.
Daraus hat man sich für eine Schutzkabine entschieden, die aus Aluminiumprofilen in Fachwerkform und mit Feldverkleidungen aus Blech und Makrolon[5] aufgebaut ist. Zudem ist eine ausreichende Türöffnung vorzusehen, die Pumpe in den Prüfstand einzubringen.
Diese Schutzkabine bildet einen ausreichenden Schutz gegen das Prüfmedium und die mechanischen Komponenten.

Berechnung des erforderlichen Rohrleitungsquerschnitts

Die Zu- und Abfuhr des Prüfmediums Heizöl wurde auf Rohrleitungen aus Stahl festgelegt. Um nun den erforderlichen Durchmesser der Rohrleitungen zu bestimmen, ist es erforderlich die Randbedingungen für diese Berechnung vorzugeben. Ein Rückblick in das Kapitel 2.2 Strömungsmechanik liefert die hierzu erforderlichen Formeln. Um den erforderlichen Rohrleitungsquerschnitt zu ermitteln, wird zunächst auf die Gleichung 2.16 zurückgegriffen:

$A_1\, w_1 = A_2\, w_2 = \dot{V}$ *Gleichung 2.16*

Zur Berechnung des erforderlichen Rohrleitungsquerschnitts A_1 ist es notwendig die Strömungsgeschwindigkeit w_1 zu ermitteln. Dies geschieht durch die Anwendung der Bernoulli Gleichung, der Gleichung 2.25, die es erlaubt, die Drücke und Strömungsgeschwindigkeiten in jedem Systempunkt zu berechnen.

$p_1 + \rho\, g\, z_1 + \frac{\rho}{2} {w^2}_1 = p_2 + \rho\, g\, z_2 + \frac{\rho}{2} {w^2}_2$ *Gleichung 2.25*

Mit:

$p_2 = p_b (Umgebungsdruck)$

$p_1 = p_b + p_ü$

$mit\ \ p_ü = 1\, bar$

$z_1 = z_2$

$w_1 = 0$

$(da\ die\ Strömungsgeschwindigkeit\ bezogen\ auf\ das\ Tankvolumen\ gegen\ null\ läuft)$

Aus diesen Randbedingungen entsteht folgende Gleichung:

$p_ü = \frac{\rho}{2} {w_2}^2$ *Gleichung 3.7*

$w_2 = \sqrt{\frac{2\, p_ü}{\rho}}$ *Gleichung 3.8*

[5] Eigenmarke der Bayer AG für schlagzähes Polykarbonat

Setzt man die Gleichung 3.8 in Gleichung 2.16 ein, so erhält man:

$$\dot{V} = A_2 \sqrt{\frac{2\,p_{ü}}{\rho}}$$ *Gleichung 3.9*

$$A_2 = \frac{\dot{V}}{\sqrt{\frac{2\,p_{ü}}{\rho}}}$$ *Gleichung 3.10*

Setzt man nun die in der Anforderungsliste gegebenen Werte in Gleichung 3.10 ein, so erhält man denn erforderlichen Rohrleitungsquerschnitt:

Geg.:

$$\dot{V} = 2000\frac{l}{min} = \frac{1}{30}\frac{m^3}{s}$$

$$\rho = 860\ \frac{kg}{m^3}$$

$$d_{erf.} = \sqrt{\frac{\dot{V}}{4*\pi\sqrt{\frac{2\,p_{ü}}{\rho}}}} = 25\ mm$$ *Gleichung 3.11*

Um die Reibungs- und Druckverluste auf ein erträgliches Maß zu senken, ist es erforderlich eine Grenzströmungsgeschwindigkeit von $3{,}5\ \frac{m}{s}$ zu erzielen. Mit Hilfe von Gleichung 2.16 ermittelt sich somit der Rohrleitungsdurchmesser zu $110\,mm$. Da die bestehende Anlage auf einen Nenndurchmesser von $100\,mm$ ausgelegt ist, wird auch der Prüfstand mit Rohrleitung des Nenndurchmessers DN 100 versehen. Man geht hierdurch zwar größere Verluste ein, die aber durch eine Referenzmessung der Anlage absorbiert werden können.

3.3.1.3 Auswahl geeigneter Werkstoffe

Dieser Teilschritt der Entwurfsphase ist aufgrund der Werkstoffauswahl im Teilschritt 3.3.1.2 Vorberechnungen nicht mehr erforderlich. Durch die Berechnung mittels CAE[6] Unterstützung ist die geeignete Werkstoffauswahl bereits für das Gestell und die Aufnahmen vollzogen worden. Auch der Rohrleitungswerkstoff ist durch die DIN 11850 festgelegt.
Somit ist dieser Teilschritt bereits im Vorfeld abgearbeitet.

3.3.1.4 Auswählen geeigneter Grobentwürfe

Durch die Auswahl geeigneter Grobentwürfe wird die Fülle der erstellten Entwürfe auf ein Minimum reduziert. Dieser Arbeitsschritt wurde durch die Methode 6-3-5 erledigt. Hierbei wurden die gefundenen Grobentwürfe auf ihre technische und wirtschaftliche Eignung untersucht und gegebenenfalls ausgewählt. Die Auswahl führte zu einem einzigen Grobentwurf, der durch alle Instanzen als beste Entwurfslösung bewertet wurde, da der

[6] Computer aided engineering

Spielraum für andere Entwürfe durch die vorangegangenen Arbeitsschritte bereits sehr klein war. Somit wurde die Anzahl der Entwürfe auf ein einziges zu verfolgendes Entwurfskonzept beschränkt. Dieser Umstand hat den Nachteil, dass keine Alternativen zur Verfügung stehen, falls man in den folgenden Schritten grundlegende Probleme mit dem ausgewählten Entwurf feststellt. Solche Probleme könnten sein:

- Mangelhafte Erfüllung der Anforderungen
- Technisch nicht realisierbar
- Aufwendig und teuer in der Fertigung

Durch diese möglichen Probleme wird klar, dass ab diesem Punkt eine gänzliche Neukonzipierung des Prüfstands von Nöten wäre, um den Prüfstand zu erstellen. Man spricht an dieser Stelle vom Point of no return, es gibt also ab hier kein Zurück mehr. Abhilfe im Fall von Realisierungsproblemen schafft nur eine Neukonzipierung des Prüfstands.
Als nächster Teilschritt schließt sich die Feingestaltung des Grobentwurfs an. Dieser Arbeitsschritt ist durch die sehr engen Vorgaben seitens der Niehüser Armaturenbau GmbH nicht erforderlich, da kein Spielraum für gestalterische Freiräume gegeben war oder diese bereits im Ansatz verworfen wurden. Aus diesen Gründen fiel auch die abschließende Bewertung nach technischen und wirtschaftlichen Gesichtspunkten zum Opfer. Dieser Umstand ist eine entscheidende Schwäche dieser Produktentwicklung, da schon an diesem Punkt keinerlei Alternativen zur Reaktion auf möglicherweise auftretende Probleme mehr vorliegen. Es muss damit gerechnet werden, dass solche Probleme, wie sie bereits beschrieben wurden, auftreten und dazu führen, dass eine Realisierung nicht möglich ist. Sollte dieser Fall eintreten, ist das gesamte Konzept zu verwerfen und der Entwicklungszyklus in der Konzipierungsphase erneut zu beginnen, was zu einer erheblichen Kostensteigerung führt.

3.3.2 Endgültiges Gestalten der Baustruktur

Das endgültige Gestalten der Baustruktur führte zu folgenden Entwürfen:

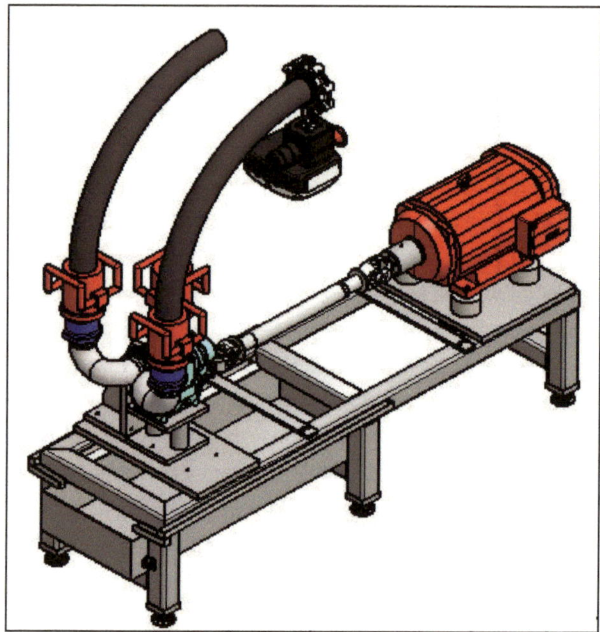

Abbildung 3-3 Entwurf Pumpenprüfstand

In der Abbildung **3-3** ist der prinzipielle Entwurf des Prüfstands visualisiert. In dieser Ansicht fehlen die Anbindungen an das Rohrleitungssystem, die vom beauftragten Rohrleitungsbauer selbstständig erstellt werden, sowie die elektrischen Systeme und die Wandhalterungen der Drosselklappe. Außerdem ist die Schutzkabine aus Gründen der Übersicht nicht dargestellt. Eine detaillierte Produktbeschreibung folgt im vierten Abschnitt dieser Arbeit. Die Schutzkabine ist in der folgenden Abbildung visualisiert.

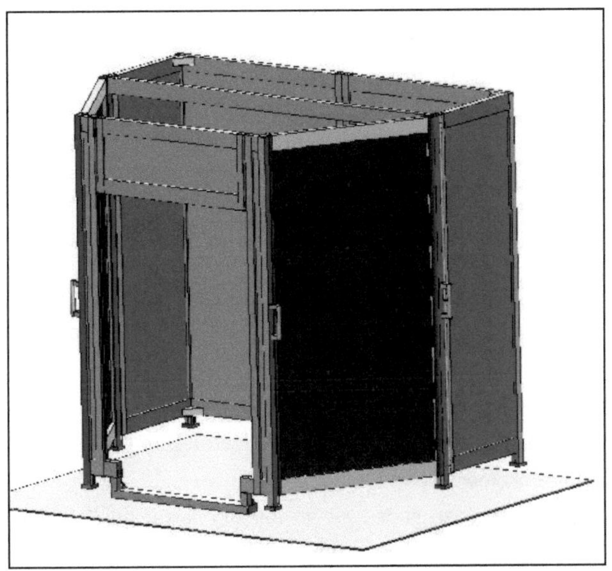

Abbildung 3-4 Schutzumhausung

Die dargestellte Schutzumhausung ist aus einem Aluminiumprofil gefertigt. Die entstandenen Felder wurden mit Blech bzw. Makrolon verkleidet. Der Systemlieferant ist die Firma I Tem. Diese Schutzumhausung verhindert die Gefährdung des Werkers durch rotierende Bauteile und das Prüfmedium Heizöl. Der Pumpenprüfstand ist nur in Betrieb zu nehmen, wenn sämtliche Türen geschlossen sind und die zugehörigen Türschalter quittiert und verriegelt sind. In die Schutzumhausung wird das Human Maschine Interface integriert, welches durch den Einsatz eines 15“ Touch Screen Display realisiert wurde. Dieses Display ermöglicht die Steuerung der systemrelevanten Funktionen und dient der Überwachung des Prüfprozesses. Eine ausführliche Beschreibung der Funktionen der Steuerungstechnologie finden Sie im Abschnitt 4 Produktbeschreibung vor.

Durch die Erstellung eines Feinentwurfes wird der Meilenstein der Entwurfsphase erreicht. Diese Phase ist dadurch abgeschlossen und liefert durch den Feinentwurf den Übergang zur nächsten Phase, der Ausarbeitungsphase.

3.4 Ausarbeitungsphase

In dieser letzten Phase des Produktentwicklungsprozesses werden die Ausführungs- und Nutzungsunterlagen erstellt. Dies beinhaltete für den Pumpenprüfstand folgende Arbeitsschritte:

- Ausarbeiten der Fertigungsunterlagen
    - Stücklisten
    - Technische Zeichnungen
    - Montagezeichnungen
    - SPS Programm
    - Visualisierungssoftware
- Erstellen der Betriebsvorschriften
- Prüfen der erstellten Unterlagen
- Erstellen der Dokumentation

Die oben genannten Unterlagen finden Sie im Anhang dieser Arbeit. Die Entwicklung der Steuerungstechnik wurde nicht durch den abgehandelten Entwicklungszyklus getätigt, sondern wurde schrittweise bedarfsgerecht angepasst. Aus diesem Grund existiert nur eine endgültige Version der Steuerungstechnik, respektive des SPS Programms, sowie der Visualisierungssoftware. Das SPS Programm wurde mit Hilfe der Siemens Software Mikro Win V4 erstellt. Die Visualisierungsebene wurde durch das Programm Siemens Win CC erstellt und getestet.
Durch den Einsatz dieser Technologien ist der Prüfstand flexibel erweiterbar, da sämtliche Funktionen über die Siemens SPS[7] gesteuert werden können. Weitergehende Informationen zum Thema Erweiterungen finden Sie im Abschnitt fünf Weiterentwicklung. Auf eine umfassende Beschreibung der Realisierung der Steuerungstechnik wird aus Gründen des Umfangs verzichtet.

Mit Ende dieser Phase ist der Produktentwicklungszyklus des Pumpenversuchsstands abgeschlossen. Die technische Dokumentation sowie die technischen Unterlagen sind an diese Arbeit angehängt. Im nächsten Kapitel folgt eine umfassende Beschreibung der eingesetzten Komponenten und ihrer Funktionen.

[7] Simatic S7

4 Produktbeschreibung

In diesem Kapitel werden die Hauptbaugruppen und ihre Funktionen beschrieben, sowie die Hauptfunktion des Prüfstandes erläutert. Zudem wird auf die Beschreibung der Steuerungstechnologie eingegangen.
Zu diesem Zweck sei auf die Abbildungen **3-3** und **3-4** verwiesen, die den prinzipiellen Feinentwurf des Prüfstands und der Schutzumhausung darstellen.
Folgende Themen werden in diesem Kapitel behandelt:

1. Beschreibung der Hauptfunktion
2. Beschreibung des Antriebsstrangs
3. Beschreibung der Regeleinrichtungen
4. Beschreibung der Messtechnik
5. Beschreibung der Steuerungstechnolgie

Diese Punkte sind grundlegende Anforderungspunkte an die technische Dokumentation des Systems Pumpenprüfstand.

4.1 Beschreibung der Hauptfunktion

Die Hauptfunktion besteht darin, Heizöl aus einem unterirdischen Speicher mit der Flügelzellenpumpe NP-800 zu fördern und unter verschiedenen Drücken zu transportieren. Hierzu ist die Pumpe in den Prüfstand einzubringen und mit dem Aufnahmewinkel zu verschrauben. Anschließend ist die Verbindung zum Antriebsstrang mittels einer mechanischen, schraubbaren Kupplung herzustellen. Des Weiteren ist die Pumpenanbindung durch Verschrauben zu fügen. Anschließend ist die Verbindung zum Rohrleitungssystem mittels Schlauchleitungen herzustellen.
Das Anschließen der Pumpe an das Rohrleitungssystem wird über Schlauchleitungen realisiert, die mit einer Trockenkupplung vom Typ DDC, der Firma Elaflex, versehen sind. Hierdurch wird verhindert, dass bei einer falsch montierten oder entkuppelten Schlauchleitung ein Leckölvolumenstrom austritt.
Sind alle mechanischen Elemente verbunden, so müssen noch die pneumatischen Stellglieder mit dem Überstromventil und dem Betriebsartventil verbunden werden. Diese Verbindung wird über steckbare Pneumatikschläuche realisiert.
Sind nun alle Verbindungen hergestellt, so sind die Türen der Schutzumhausung zu schließen und dieser Zustand zu quittieren. Erst wenn alle Schutzmechanismen verschlossen und in der Steuerung quittiert sind, kann der Prüfstand in Betrieb gesetzt werden.

Hierzu wird mittels Touch Screen abgefragt, welcher Betriebsmodus angewählt werden soll. Der Pumpenprüfstand verfügt über folgende Modi:

- Automatikmodus (charakteristische Kennwerte werden automatisiert angefahren)
- Handbetrieb (manuelle Verstellung aller Stellglieder möglich)
- Einlaufbetrieb (nur einlaufen)

Ist der Automatikmodus gewählt, so beginnt auf Tastendruck der Einlaufzyklus. Hierzu fördert die Pumpe ohne Gegendruck Öl aus der Speicheranlage um die Dichtigkeit der mechanischen Komponenten der Pumpe zu überprüfen und die rotierenden Pumpenbauteile einzuschleifen. Dieser Prozess dauert fünf Minuten und wird automatisiert, nach Ablaufen der Zeit, beendet. Ist der Einlaufzyklus beendet und die Anlage befindet sich im Automatikmodus, so startet dieser selbsttätig. Ist der Handbetrieb gewählt worden, so signalisiert die Anlage die Beendigung des Einlaufbetriebs und wechselt in die Steuerungsmaske des Handbetriebs. In dieser Maske können die Drosselklappen manuell geschlossen und die Motordrehzahl angepasst werden.
Ist jedoch der Automatikbetrieb gewählt, so fährt der Prüfstand einen vorher programmierten Zyklus ab. Dieser Zyklus umfasst folgende Größen:

- den einzustellenden Druck
- die einzustellende Motordrehzahl

Sind die charakteristischen Kennpunkte erreicht, so speichert der Prüfstand diese Werte ab und gibt sie nach Beendigung der Prüfung als Messbericht aus.

4.2 Beschreibung des Antriebsstrangs

Die Kupplung zwischen Motor und Pumpe wird wie gewünscht durch eine Kreuzgelenkwelle realisiert. Die Fixierung dieser Kreuzgelenkwelle wird motorseitig durch eine Hülse, die die Motorwelle umschließt und das Drehmoment mittels Passfederverbindung aufnimmt, realisiert. Die Fixierung des Kreuzgelenks und der Hülse wird durch Passschrauben hergestellt, die es ermöglichen das auftretende Drehmoment zu übertragen. Pumpenseitig wird das Kreuzgelenk mit dem Pumpenflansch ebenfalls mittels Passschrauben gefügt. Bei dem Motor handelt es sich um einen Drehstrommotor, der mittels Frequenzumrichter eine Drehzahlregelung erfährt. Dieser Umrichter ermöglicht es eine einfache Kopplung zwischen SPS und Motor herzustellen. Zudem ist der Motor mit einem Tachogenerator ausgestattet, um die tatsächliche Drehzahl an den Umrichter und die SPS zu übertragen und um gegebenenfalls regulierend einzugreifen. Der Antrieb ist so ausgelegt, dass bei einem spontanen Abfall des Drehmoments der Motor unverzüglich gestoppt wird, da ein stark abfallendes Drehmoment auf einen Bruch im Antriebsstrang hinweist. Dem gegenüber wird ein Not-Stopp auch bei einem sprunghaften Anstieg des Drehmoments durchgeführt, da dieser Umstand auf ein Versagen der Lagerung der Pumpe oder Verschleißerscheinungen zwischen Rotor und Stator hindeutet.

Ist der Not-Stopp Betrieb aktiviert, so regelt der Frequenzumrichter die Drehzahl gegen Null, so dass ein definiertes gefahrloses Wiederanfahren des Prüfstands möglich ist.

4.3 Beschreibung der Regeleinrichtung

Um die Prüfung der Pumpe Niehüser NP-800 vorzunehmen, ist es erforderlich einige physikalische Größen zu regeln. Hierzu gehören folgende Größen:

- Pumpenausgangsdruck
- Pumpeneingangsdruck
- Antriebsdrehzahl

Zur Regelung der Drücke wird auf elektrisch verstellbare Drosselklappen zurückgegriffen. Diese Drosselklappen verringern den Rohrleitungsquerschnitt und erzeugen dadurch einen Gegendruck. Dieser Effekt wird aus der Anwendung der Bernoulli Gleichung **(Gleichung 2.12)** deutlich. Durch die Veränderung der Drücke, bezogen auf den statischen Umgebungsdruck, wird eine Veränderung der Förderhöhe und der geodätischen Saughöhe simuliert. Vergrößert man den Pumpenausgangsdruck, so vergrößert sich auch proportional die simulierte Förderhöhe. Der gleiche Effekt, bezogen auf die geodätische Saughöhe, ist an der Saugseite der Pumpe zu beobachten, falls man den Gegendruck durch Verstellung der Drosselklappe an der Saugseite erhöht. Hierbei sei erwähnt, dass dies dazu führen kann, dass Kavitationseffekte auftreten. Steigt der Unterdruck an der Saugseite, führt dies zu einem erhöhten Eingangsvolumenstrom. Übersteigt dieser erforderliche Volumenstrom den durch die Rohrleitung fließenden Volumenstrom, so erreicht das Fluid seinen Gasdruck. Hierbei steigen Dampfblasen aus dem Fluid auf und zerstören durch die Druckverhältnisse die Flügel der Pumpe.

Die Steuerung der Drosselklappen wird über die SPS Steuerung realisiert. Die Endlagen der Klappen werden über mechanische Endschalter abgefragt. Diese bewirken bei Erreichen der Endlage eine Stellmotorabschaltung und geben zusätzlich einen Impuls an die SPS Steuerung ab.

Die Regelung des Drehstrommotors wird mittels eines Frequenzumrichters realisiert. Dieser Frequenzumrichter moduliert die Netzfrequenz so, dass beliebige Umdrehungsfrequenzen eingestellt werden können. Die Steuerung des Umrichters übernimmt hierbei die SPS über ein Industrial Ethernet Protokoll. Wie bereits beschrieben, ist eine Drehmomentüberwachung in den Frequenzumrichter integriert, um eine zusätzliche Sicherheitsabschaltung zu gewährleisten.

Im Verlauf der Prüfung der Pumpe ist es erforderlich eine Regelstrecke mittels PID-Regler aufzubauen, da hier mehrere Größen parallel geregelt werden müssen. Diese Größen sind:

- Pumpenausgangsdruck
- Motordrehzahl

Die PID-Reglung wird von der SPS Steuerung übernommen und über einen vorgefertigten Funktionsbaustein realisiert.

4.4 Beschreibung der Messtechnik

Um die Pumpe hinsichtlich ihrer erreichbaren physikalischen Eigenschaften zu prüfen, ist es erforderlich den Pumpenausgangsdruck, den Pumpeneingangsdruck, die Motordrehzahl und den Volumenstrom zu messen.
Diese Messgrößen müssen bedarfsgerecht an die SPS Steuerung übermittelt werden und hier verarbeitet werden. Die Messung der Drücke erfolgt über zwei Druckmesssensoren, die in die vorhandene Messstelle im Pumpengehäuse eingeschraubt werden. Diese Sensoren übertragen ein Analogsignal an die SPS Steuerung, das Werte zwischen 4-20 mA annehmen kann. Dieser Wert wird in der Steuerung skaliert und an den PID-Regler, zur Regelung der Klappenstellung und an ein Display übergeben. Die Skalierung wird in der Steuerung mit Hilfe eines Objektbausteins realisiert, der mit Hilfe eines Arrays der anliegenden Stromstärke einen festen Wert zuordnet.
Die Volumenstrommessung wird durch einen Ovalradzähler realisiert, der mit einem digitalen Impulsgenerator ausgestattet ist. Dieser Generator überträgt ein Impulssignal in die Steuerung, welches in der Steuerung weiterverarbeitet wird. Der Impulsgenerator liefert pro Umdrehung 100 Impulse, was einer Literzahl von 10l entspricht. Um diese Impulse in der erforderlichen Geschwindigkeit auswerten zu können, wird in der SPS Steuerung ein HSC-Baustein[8] verwendet, der eine Zykluszeit unabhängige Zählung realisiert, die eine Frequenz von 2 kHz erreichen kann. Durch den Einsatz eines solchen Zählers wird verhindert, dass alle anfallenden Impulse ausgewertet werden. Um den Volumenstrom zu messen, wird die Zeit zwischen zwei eingehenden Impulsen gemessen und mit einem Umrechnungsfaktor auf l/min skaliert. Diese Zeit wird als Impulsweite bezeichnet und wird arithmetisch ausgewertet, um Messfehler zu minimieren.
Die Motordrehzahl wird vom Frequenzumrichter ausgewertet. Diese Auswertung wird mittels Industrial Ethernet Protokoll an die SPS Steuerung übertragen und ausgewertet. Der Frequenzumrichter ermittelt die Umdrehungsfrequenz durch die Auswertung der anliegenden Sinuskurve. Hierbei wird wie bei der Durchflussmessung die Pulsweitenmodulation ermittelt

---

[8] High Speed Counter

und ausgewertet. Die SPS Steuerung kann nicht direkt in die Motorsteuerung eingreifen, da das Übertragungsprotokoll dieses verhindert. Dieser Umstand ist ein sicherheitstechnischer Vorteil, da die Protokollübertragung einer redundanten Prüfung unterliegt und somit einseitige Fehlerquellen der SPS Steuerung oder des Frequenzumrichters ausgeschlossen sind.

4.5 Beschreibung der Steuerungstechnologie

Die Steuerung der Anlage übernimmt eine speicherprogrammierbare Steuerung. Die Entscheidung fiel auf eine CPU[9] der Baureihe 200. Durch die Anforderungen aus der Anforderungsliste wurde die CPU 214 XP der Firma Siemens ausgewählt und mit einem Erweiterungsmodul EM 235 erweitert, um die Anzahl der Analogeingänge zu erhöhen. Die Schnittstelle zwischen Mensch und Maschine wird durch ein Touch Screen Display, TP 600, realisiert, welches ebenfalls aus dem Hause Siemens stammt.

Die Steuerung kommuniziert mit dem Frequenzumrichter der Motorsteuerung und dem HMI[10] über das Industrial Ethernet Protokoll. Alle Bedienelemente sind als Softwareapplikation realisiert und werden auf dem Touch Screen Display dargestellt. Über dieses Display erfolgt sowohl die Wahl der Betriebsart (Handbetrieb/Automatikbetrieb) als auch die Steuerung der Anlage im Handbetrieb. Statusmeldungen und Fehler werden ebenfalls über das Display visualisiert, um eine effektive Störungsbehebung vorzunehmen. Um die aufgenommenen Messwerte zu speichern, wurde eine Kommunikation zwischen Server und Steuerung realisiert. Diese Übertragung erfolgt ebenfalls über das Industrial Ethernet Protokoll, so dass ein einheitliches Kommunikationsnetzwerk zu Stande kommt. Die Daten der Prüfungen werden mit einem Zeitstempel, der Seriennummer und dem Namen des Prüfers versehen. Hierdurch entsteht die Möglichkeit Messprotokoll und Pumpe verwechselungsfrei zu identifizieren.

---

[9] Central Prozessing Unit
[10] Human Maschine Interface

5 Weiterentwicklungen

In diesem Kapitel werden die möglichen Weiterentwicklungen zur Erhöhung des Automatisierungsgrades erläutert. Diese Weiterentwicklungen wurden geplant, um den Automatisierungsgrad des Prüfstands wesentlich zu erhöhen und die Bedienung zu vereinfachen. Der bislang entwickelte Prüfstand weist einen sehr geringen Automatisierungsgrad auf und ist im Bezug auf die Rüstzeit der Pumpe zeitintensiv.
An dieser Stelle sei nochmals darauf hingewiesen, dass die bisherige Konstruktion aus den Wünschen der Niehüser Armaturenbau und Vertriebs GmbH hervor geht. Alle Planungen hinsichtlich der besseren Automatisierung wurden seitens des Unternehmens abgelehnt. Die Weiterentwicklungen wurden geplant, da die geplante Absatzmenge einen höheren Automatisierungsgrad nötig macht.
Es wurde eine weitere Ausbaustufe geplant, die einen höheren Automatisierungsgrad beinhaltet. Diese Ausbaustufe beinhaltet die automatisierte Aufnahme der Pumpe auf dem Prüfstand.
Diese Ausbaustufe wird in den folgenden Abschnitten kurz erläutert und soll die Möglichkeiten des Ausbaus darstellen. Die Entwicklung der Ausbaustufen greift in den bestehenden Produktentwicklungsprozess ein, behandelt lediglich die Schwachstellen der bestehenden Konstruktion. Die Schwachstellen wurden mittels einer Schwachstellanalyse analysiert und behoben.

5.1 Prüfstand mit automatisierter Pumpenaufnahme

Die Schwachstellenanalyse zeigte folgende konstruktive Mängel des Prüfstands:

- Zu lange Rüstzeit
    - Fügen der Pumpen und der Pumpenaufnahme
    - Fügen der Kupplung
    - Fügen der Schlauchanbindung
- Kreuzgelenkwelle ist überflüssig

Die Rüstzeit der Pumpe wurde durch folgende Maßnahmen gesenkt:

- Fügen der Pumpe und der Pumpenaufnahme durch ein hydraulisch betätigtes Nullpunktspannsystem, z.B. Zeroclamp®.
  Das Zeroclamp System wird in den Aufnahmewinkel integriert. Hierzu werden die Spannzylinder in den Winkel verbaut und die HSK[11]-Dorne während der Pumpenmontage in die Pumpenspannstelle gefügt. Das Funktionsprinzip ist in nachfolgender Abbildung dargestellt.

[11] Hohlspannkegel

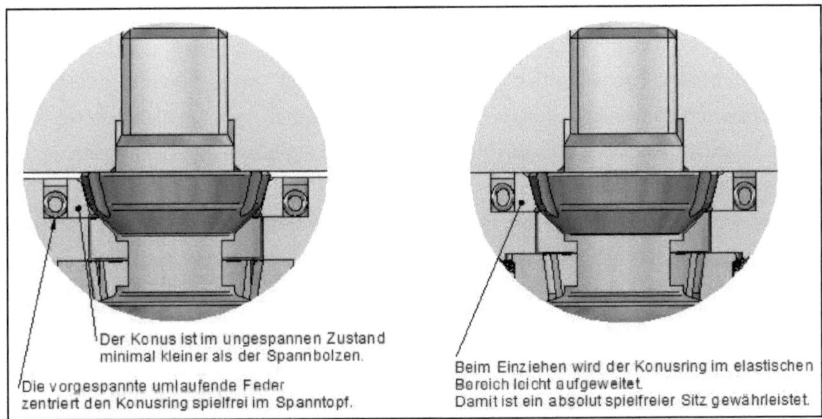

Abbildung 5-1 Funktionsprinzip Zeroclamp

(Quelle: http://www.zeroclamp.com/de/nullpunktspannsystem/hskprinzip.html, abgerufen am 04.06.2011)

- Das manuelle Fügen der Schlauchanbindung wurde gegen einen hydraulischen Zylinder ausgetauscht, der die Schlauchanschlüsse durch eine Druckplatte verschließt.

Die Kreuzgelenkwelle ist im Zusammenhang mit der, von der Firma Niehüser, geplanten Querkraftprüfung durch horizontalen und vertikalen Versatz überflüssig, da bei der Nutzung einer Kreuzgelenkwelle keine Querkräfte auftreten.

Aus diesem Grund wurde das Kupplungssystem überdacht und führte zu einer trennbaren, torsionssteifen und quernachgiebigen Kupplung, die möglichst einfach fügbar sein soll. In diesem Kontext bietet sich die Nutzung einer elektromagnetischen Kupplung an, bei welcher der elektrisch magnetisierbare Teil fest mit der Motorwelle gefügt wird. Das Gegenstück, welches lediglich aus einer permanentmagnetischen Platte besteht, wird mit der Pumpenantriebswelle während der Montage gefügt. Der Spalt zwischen Antriebsseite und Abtriebsseite darf hier 0,5 mm betragen. Diese Toleranz wird durch das Nullpunktspannsystem gewährleistet, welches eine Positioniergenauigkeit von 0,05 mm besitzt.

Somit ist die Pumpe nur auf den Prüfstand zu stellen und das Nullpunktspannsystem automatisiert zu spannen sowie das Magnetfeld zu aktivieren.

Diese Maßnahmen verringern die Rüstzeit von 20 Minuten auf 2 Minuten und steigern somit die Produktivität des Prüfstands erheblich.

6 Fazit

Aufgabe dieser Bachelorarbeit war die Entwicklung eines Pumpenprüfstands zur automatisierten Kennlinienaufnahme für Flügelzellenpumpen vom Typ Niehüser Np-800.
In den Produktentwicklungsphasen stellten sich einige Probleme im Zusammenhang mit der rationalen Realisierung des Projektes dar.
Rekapituliert man die einzelnen Schritte der Produktentwicklung, Planen, Konzipieren, Entwerfen und Ausarbeiten, so stellten sich erhebliche Schwächen in diesen Phasen heraus.
Diese Schwächen waren in der Planungsphase:

- Es wurde keine ausreichende Marktanalyse durchgeführt, somit wurde keine zu erwartende Absatzmenge ermittelt. Die Absatzmenge wurde intuitiv, anhand von Absatzmengen ähnlicher Produkte, geschätzt.
- Der Produktvorschlag zur automatisierten Aufnahme und Prüfung der Pumpe wurde seitens des Unternehmens verworfen. Rationale Gründe hierfür wurden nicht angeführt.
- Während der genauen Klärung der Aufgabenstellung stellte sich heraus, dass eine stetige Änderung der Aufgabenstellung während des Produktentwicklungszyklus zu erwarten ist. Diese Annahme stellte sich als korrekt heraus, so wurde die Aufgabenstellung noch während der Ausarbeitungsphase geändert. Dies führte zu sehr vielen Änderungen der Konstruktion.

Die in der Konzeptionsphase am besten bewertete Lösungsvariante wurde durch das Unternehmen abgelehnt und durch eine eigene Lösung ersetzt. Dieser Umstand kam durch die Missachtung der Planungsregeln zum Tragen und lieferte einen Lösungsvorschlag, der nach technischen und wirtschaftlichen Gesichtspunkten rückständig ist. Das Unternehmen konnte selbst nach intensiven Gesprächen nicht von der eigenen Lösungsvariante abgebracht werden, so dass eine Lösung entstand, die in keinem Verhältnis zur machbaren Wirtschaftlichkeit und technischen Reife steht.
Während der Entwurfsphase wurden die Anforderungen erneut geändert, dies führte dazu, dass die Konzeptionsphase erneut durchlaufen werden musste. Diese Wiederholung der Konzeptionsphase verlängerte den Entwicklungszyklus maßgeblich. Trotz der Wiederholung der Konzeptionsphase wurde wieder eine unternehmenseigene nicht rationale Lösung vorgeschrieben.
Vor Beginn der Ausarbeitungsphase wurde der Entwicklungsstand schriftlich fixiert und so überdacht, dass keine weiteren Änderungen mehr auftreten sollten. Trotz dieser Protokollierung wurde das Konzept zum Ende der Konstruktion erneut geändert. Dies führte

zu einem erheblichen Mehraufwand, da alle fertig konstruierten Bauteile geändert werden mussten.

Abschließend ist zu bemerken, dass die Unkenntnis über den Produktentwicklungsprozess nach VDI 2221 und dessen Vorteile seitens der Niehüser Armaturenbau GmbH zu einer Produktentwicklung führte, die den technischen und wirtschaftlichen Anforderungen eines Prüfstands in keiner Weise gerecht wird.

Dieser Umstand wird bislang vom Unternehmen nicht erkannt, so dass auch andere Produkte des Unternehmens intuitiv konstruiert werden. Das führt durch permanente Änderungen der Konstruktionen zu sehr hohen Entwicklungskosten, bis hin zum vollständigen Verwerfen bereits in Vorserie produzierter Produkte.

Es sei nochmal herausgestellt, dass ein durchgängiger Produktentwicklungszyklus in jedem Fall erforderlich ist. Dieser baut grundsätzlich auf die drei goldenen Regeln der Ideenfindung auf und sollte die Kriterien guter Planung als Zielvorgabe besitzen. Diese Regeln guter Planung sind:

- Ganzheitliche Systembetrachtung
- Kontext beachten
- Von grob zu detailliert planen
- Von abstrakt zu konkret planen
- Rahmenbedingungen im Vorfeld festlegen
- Annahmen hinterfragen und frühzeitig ändern

Beachtet man diese Regeln nicht, so führt dies zu Planungen, die eventuell nicht zielführend sind.

Literaturverzeichnis

Bauer, G. (2009). *Ölhydraulik 9. Auflage.* Wiesbaden: Vieweg Teubner.

Böge, A. (2007). *Formeln und Tabellen Maschinenbau.* Wiesbaden: Vieweg Teubner.

Feldhusen, K. H. (2007). *Dubbel Taschenbuch für den Maschinenbau 22. Auflage.* Berlin: Springer.

Kindt, T. (2007). *Die neue EG Maschinenrichtlinie 2006 2. Auflage.* Berlin: Beuth.

Koller, R. (1994). *Konstruktionlehre für den Maschinenbau, 7. Auflage.* Berlin: Springer.

Mechatronik, V.-F. P. (1993). *VDI Richtlinie 2221 Methodik zum Entwickeln und Konstruieren technischer Systeme und Produkte.* Berlin: Beuth.

Mechatronik, V.-F. P. (1998). *VDI Richtlinie 2225 Konstruktionsmethodik - Technisch-wirtschaftliches Konstruieren - Tabellenwerk.* Berlin: Beuth.

Pahl, G. (2006). *Konstruktionslehre 7. Auflage.* Berlin: Springer.

Prof. Dr. Ing. Stumpe, M. (2008). *Strömungslehre Vorlesungsmanuskript.* Soest: FH SWF.

Roth, K. (2001). *Konstruieren mit Konstruktionskatalogen Band 1, 3. Auflage.* Berlin: Springer.

Roth, K. (2001). *Konstruieren mit Konstruktionskatalogen Band 2, 3. Auflage.* Berlin: Springer.

Abbildungsverzeichnis

Anhang

Tabelle 0-1 Anforderungsliste

Hauptmerkmal	Datum	Anforderungsart	Nebenmerkmal	Beschreibung
Geometrie	15.03.11	F	Länge:	Max. 2000 mm
	15.03.11	F	Höhe:	Max. 1500 mm
	15.03.11	F	Breite	Max. 800 mm
	15.03.11	F	Raumbedarf:	Nach Aufstellort Messraum
	15.03.11	F	Anzahl:	1 Stück
	15.03.11	W	Anordnung:	Über vorhandenem Ölspeicher
	15.03.11	W	Anschluss:	An vorhandene Rohrleitungen und vorhandenes Energienetz
	15.03.11	W	Ausbau und Erweiterung:	Erweiterung auf höheren Automatisierungsgrad
Kinematik	15.03.11	F	Bewegungsart:	Rotatorischer Antrieb
	15.03.11	F	Geschwindigkeit:	1200 $\frac{1}{min}$
Kräfte	15.03.11	F	Drehmoment:	300 Nm
	15.03.11	F	Gewicht:	Max. 1500 kg
	15.03.11	F	Steifigkeit:	Optimiert
	15.03.11	W	Resonanz	Keine merklichen Schwingungen
Energie	15.03.11	F	Leistung:	30 Kw
	15.03.11	F	Druck:	20 bar
	15.03.11	F	Volumenstrom:	2 000 $\frac{l}{min}$
	15.03.11	F	Kühlung:	Ohne
	15.03.11	F	Anschlussenergie:	400 A
	15.03.11	F	Speicherung:	Ölspeicherung in vorhandener Tankanlage
Stoff	15.03.11	F	Medium:	DIN 51603-1
	15.03.11	W	Materialfluss:	Rohrleitungssystem
Signal	15.03.11	F	Eingangssignal:	Anlogsignale Digitalsignale
	15.03.11	F	Ausgangssignal:	Analogsignale Digitalsignale
	15.03.11	W	Anzeigeart:	Display
	15.03.11	F	Betriebs- und Überwachungsgeräte	Volumenstrom mittels vorhandenen Messaufnehmer, Druck mittels Drucksensor
	15.03.11	F	Signalform:	Passend für SPS Steuerung Siemens Simatic Step7
Sicherheit	15.03.11	F		UVV konform
Ergonomie	15.03.11	F	Bedienungsart:	15“ Touch-Screen

				Display
		F	Beleuchtung:	Nach UVV
Kontrolle	15.03.11	F	Mess- und Prüfvorschriften	EN 1232, ATEX,
Gebrauch	15.03.11	F	Verschleißrate	10^6 Lastwechsel
	15.03.11	F	Einsatzort	In Industriegebäuden